可以轻松编织完成的毛衫和小物

时尚简约的粗线编织

日本宝库社 编著

蒋幼幼 译

河南科学技术出版社
·郑州·

目 录

No. 13

小鸟花样围脖
p.20

No. 14

圈圈线编织的发带
p.21

No. 15、16

嫩绿色阿兰花样围巾、
竖条纹围巾
p.22

No. 17

简单的帽子
p.23

No. 18

阿兰花样粗花呢围巾
p.24

No. 19

阿兰花样围脖
p.25

No. 20、21

纹理独特的围巾、
起伏针编织的围巾
p.26

No. 22

三色滑雪帽
p.27

No. 23

洛皮毛衣
p.29

No. 24

圆柄小拎包
p.30

No. 25

带皮标的粗花呢帽子
p.31

3

人字纹背心

低调的人字纹加上温暖的粗花呢毛线, 使这款自然色调的背心非
常适合中性化的穿搭风格。这里搭配了一件清爽简洁的衬衫裙。

设计: blanco
针线: 和麻纳卡Aran Tweed／棒针10号、9号
编织方法: p.34

No. 02

红色单肩包

编织起来轻松愉快，花样看起来新颖别致，十分引人注目。织物厚实、不易变形，也可以挂在肩上，方便实用，是一款使用频率很高的单品。

设计：shizukudo
针线：和麻纳卡Hihumi Chunky／钩针10/0号、8/0号
编织方法：p.36

No. 03

花样别致的围脖

形似圈圈线的质感与改编的交叉花样完美契合。这款围脖还可以
柔化脸部线条，起到修饰脸型的作用。

设计：Mika＊Yuka
针线：和麻纳卡Sonomono Alpaca Boucle／棒针15号
编织方法：p.38

No. 04

简约的长款
罗纹围脖

越是简单的设计越能彰显线材的质感,这款作品使用了羊驼绒毛线。作为基础款单品,方便各种场合和风格的搭配。灰色和原白色的配色沉稳大方,最适合自然风的穿搭了。

设计:和麻纳卡企划室
针线:(p.8作品)和麻纳卡Sonomono Alpaca Wool、
(本页作品)和麻纳卡Men's Club Master / 棒针12号
编织方法:p.39

海军蓝色和白色的配色适合运动休闲风格。线材上也选择了容易编织的混纺毛线。

No. 05

复古色调的披肩

这款披肩的波浪形花样设计和复古的配色散发着怀旧的气息。马海毛轻柔
且纤维较长,羊驼绒可以锁住空气,充分发挥这些特点编织的披肩虽然使
用了镂空针法,却非常暖和。

设计:笹谷史子
针线:和麻纳卡Alpaca Mohair Fine(2根线)、Sonomono Alpaca Boucle / 棒针10号
编织方法:p.40

No. 06

起伏针编织的贝雷帽

贝雷帽的皇冠造型十分可爱。戴深一点或者浅一点都行，可以尝试各种不同的佩戴方式。因为使用了捻度较松的粗纺毛线，针目蓬松，看起来很暖和。

设计: shizukudo
针线: 和麻纳卡Sonomono Grand／棒针15号、7号
编织方法: p.41

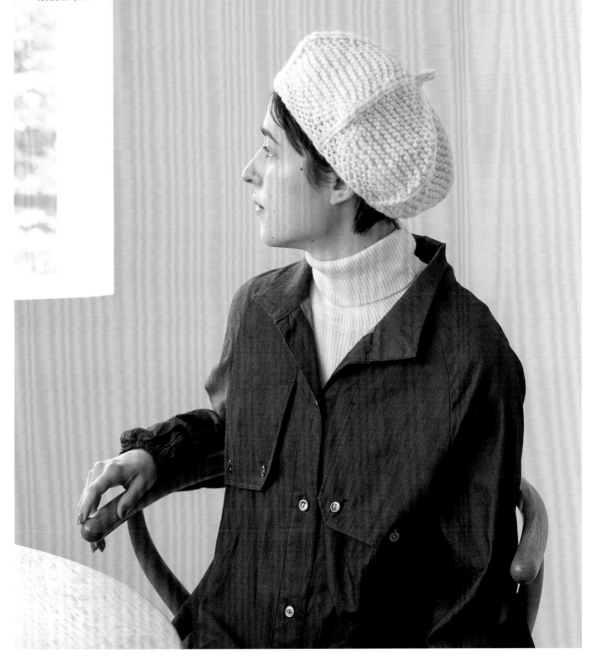

简约风高领毛衣

下落的肩线加上宽松的衣领，极简风毛衣更讲究廓形上的设计感。平直毛线和马海毛线合股编织的独特质感也很不错。

设计：及川真理子
针线：和麻纳卡Amerry、Alpaca Mohair Fine（2根线）／棒针10号、8号
编织方法：p.42

No. 08

毛茸茸的露指手套

这款露指手套使用了原白色的仿皮草线。拇指采用了非常简单的留孔方式。这样的小物件编织起来非常快，随织随用。

设计：笹谷史子
针线：和麻纳卡Sonomono Alpaca Wool、Merino Wool Fur／棒针10号、8号
编织方法：p.44

拼花披肩

花片稍微有点大, 用毛纤维较长的绒线编织, 作品比看上去更加轻柔。
褐色和原白色的配色十分雅致, 花片也不会过于甜美。

设计: 远藤裕美
针线: 和麻纳卡Sonomono Hairy、Sonomono Alpaca Lily / 钩针8/0号
编织方法: p.46

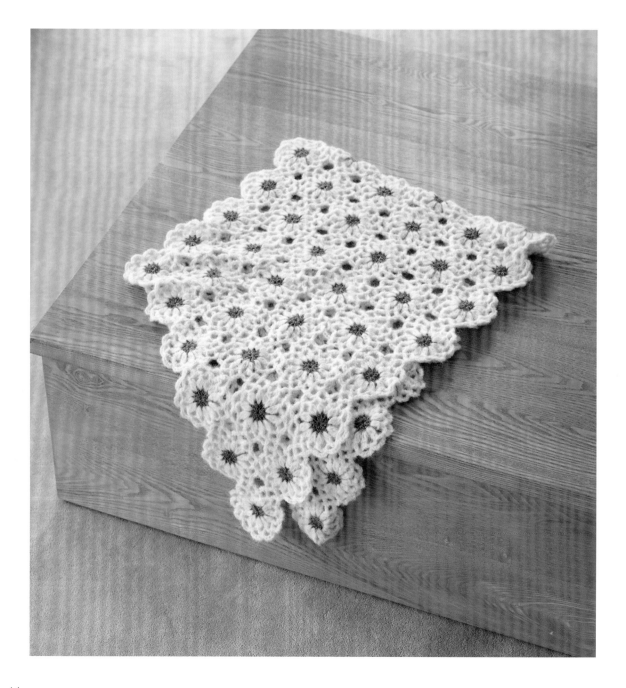

No. 10

镂空花样马海毛围脖

松软的马海毛围脖包裹在颈部，清新明快又暖和。因为加入了螺旋状的镂空花样，自然形成了层次丰富的褶皱。

设计：及川真理子
针线：和麻纳卡Alpaca Mohair Fine（2根线）／棒针10号
编织方法：p.45

No. 11

松软的羊驼绒兜帽

这款作品是围脖和风帽合二为一的兜帽。天气寒冷时可
以拉紧抽绳，遮住口鼻部。

设计: YOSHIKO HYODO
针线: 和麻纳卡Sonomono Alpaca Wool／棒针10号
编织方法: p.48

No. 12

树叶花样开衫

短款开衫的袖口和口袋加入了镂空的树叶花样。甜美风的设计加上竹节
花式线的粗犷感,无论少女风还是男友风穿搭都很适合。

设计:Mika＊Yuka
针线:和麻纳卡Hihumi Slub、刺绣线／棒针8mm
编织方法:p.50

小鸟花样围脖

配色花样宛如成排飞翔的小鸟。桂花针编织的下半部分质地轻柔，可以松
软地搭在肩上。醒目的红色是穿搭的一大亮点。

设计：Ayumi Kinoshita
针线：和麻纳卡Men's Club Master／棒针12号
编织方法：p.54

No. 14

圈圈线编织的发带

这是用2种线组合编织的发饰。扭转部分是设计的重点所在,移到前面或侧边也非常可爱。还可以像耳罩一样盖住耳朵。

设计: 笹谷史子
针线: 和麻纳卡Hihumi Slub、Sonomono Loop / 棒针8mm
编织方法: p.55

No. 15

嫩绿色阿兰花样围巾

用嫩绿色粗纱线编织经典的阿兰花样围巾。长长的
尺寸加上大量的流苏,围起来感觉非常厚实。

设计:Mika＊Yuka
针线:和麻纳卡Hihumi Chunky／棒针8mm
编织方法:p.56

No. 16

竖条纹围巾

黄色和灰色的配色别有一番韵味。因为是双色双
面编织,正反不同色的设计十分有趣。

设计:Mika＊Yuka
针线:和麻纳卡Hihumi Chunky／棒针8mm
编织方法:p.57

No. 17

简单的帽子

中性风设计的帽子质地柔软，很方便佩戴。针数也比
较少，很快就能编织完成。

设计: 甲斐直子
针线: 和麻纳卡Hihumi Slub／棒针8mm
编织方法: p.58

No. 18

阿兰花样粗花呢围巾

阿兰花样充分展现了粗花呢线的魅力。搭配好服装后只需简单地
围上围巾，就能打造出自然随性的风格。

设计: Mika＊Yuka
针线: 和麻纳卡Aran Tweed / 棒针8号
编织方法: p.59

No. 19

阿兰花样围脖

将围巾编织得短一点,再连接成环形,一款围脖就完成了。用
亮眼的颜色编织,一定是全身穿搭的亮点。

设计:Mika＊Yuka
针线:和麻纳卡Aran Tweed / 棒针8号
编织方法:p.60

<u>No.</u> **20、21**

纹理独特的围巾、
起伏针编织的围巾

左 (20):发挥竹节花式线的特色编织简单的花样。
右 (21):起伏针具有伸缩性,最大的优点就是佩戴舒适。

设计:（左）舩越智美、（右）和麻纳卡企划室
针线:和麻纳卡Hihumi Slub／棒针8mm
编织方法:p.61、62

三色滑雪帽

沉稳耐看的配色结合富有变化的麻花针，给人一种传统的感觉。因为尺寸比较大，可以完全盖住耳朵，保暖效果也是极好的。

设计：Mika＊Yuka
针线：和麻纳卡AmerryL（极粗）／棒针15号
编织方法：p.63

No. 23

洛皮毛衣

这款毛衣是用松捻的洛皮毛线从领口往下编织的。原白色、浅灰色和褐色的配色几何花样休闲又不失精致，非常百搭。

设计：YOSHIKO HYODO
针线：和麻纳卡Sonomono Grand／棒针8mm、15号
编织方法：p.64

No. 24

圆柄小拎包

将圆环提手配件包在针目里钩织后用作提手，设计具有一定的视觉
冲击力。类似罗纹针的编织花样采用的是钩针的拉针针法，不易拉
伸，可以很好地保持包型。

设计：越膳夕香
针线：和麻纳卡Sonomono Grand／钩针10/0号
编织方法：p.68

No. 25

带皮标的粗花呢帽子

这是用2根粗花呢线合股编织的帽子，不仅编织速度很快，混色效果也很丰富。再缝上小皮标用作点缀。

设计：越膳夕香

针线：和麻纳卡Aran Tweed／棒针12号、10号

编织方法：p.69

[本书使用线材介绍]

下面介绍的是本书使用线材中别具特色的粗线，以及用来合股编织的毛线。

（图中毛线为实物粗细，下方所列针号为一般适用的针号）

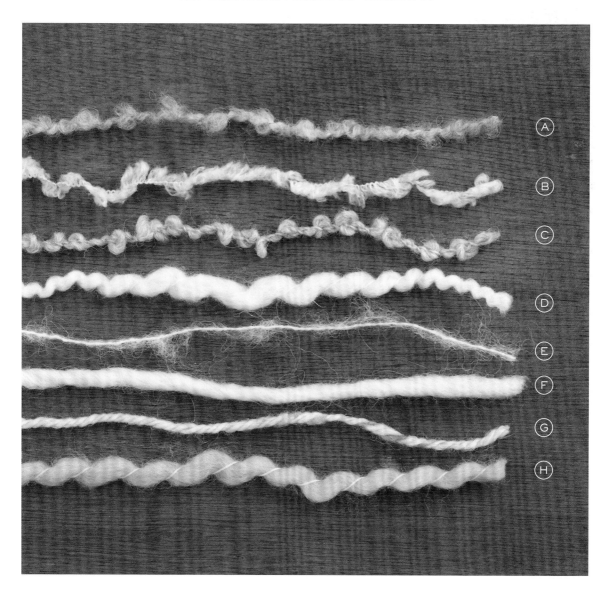

(A) 和麻纳卡 Sonomono Alpaca Boucle
棒针8~10号，羊毛80%、羊驼绒20%，40g/约76m

(B) 和麻纳卡 Merino Wool Fur
棒针6~8号，羊毛95%(美利奴羊毛)、锦纶5%，50g/约78m

(C) 和麻纳卡 Sonomono Loop
棒针15号至直径8mm，羊毛60%、羊驼绒40%，40g/约38m

(D) 和麻纳卡 Hihumi Slub
棒针15号至直径8mm，羊毛100%，40g/约36m

(E) 和麻纳卡 Sonomono Hairy
棒针7~8号，羊驼绒75%、羊毛25%，25g/约125m

(F) 和麻纳卡 Sonomono Grand
棒针15号至直径8mm，羊毛80%、羊驼绒20%，50g/约50m

(G) 和麻纳卡 Aran Tweed
棒针8~10号，羊毛90%、羊驼绒10%，40g/约82m

(H) 和麻纳卡 Hihumi Chunky
棒针15号至直径8mm，羊毛95%、锦纶5%，40g/约36m

HOW TO MAKE
作品的编织方法

▶ 手编基础技法请参照p.70。

▶ 图中未标注单位且表示尺寸的数字单位均为厘米（cm）。

▶ 用线量在编织作品时仅供参考。编织时手的松紧度不同，所需线量有时相差很大。如果没有把握，建议多准备一点。

▶ 作品的尺寸会因为编织时手的松紧度不同而发生变化。如果想按书上的尺寸编织，请试编样片调整针号，尽量与书上的编织密度保持一致（织物比较紧缩时，加大针号；织物比较疏松时，减小针号）。

人字纹背心

材料和工具

和麻纳卡Aran Tweed原白色（1）235g，浅橘色（20）160g；棒针10号、9号

成品尺寸

胸围112cm，肩宽53cm，衣长56cm

编织密度

10cm×10cm面积内：配色花样20针，20行

编织要点

• 身片手指挂线起针，按单罗纹针和横向渡线的配色花样编织。

• 肩部做盖针接合，前、后身片的胁部做挑针缝合至开衩止位。

• 衣领和袖窿挑针后，分别环形编织指定行数的单罗纹针，编织终点做伏针收针。

衣领、袖窿

（单罗纹针）　9号针　原白色

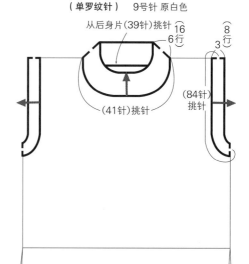

从后身片（39针）挑针

16行 6行 8行 3行

（41针）挑针

（84针）挑针

单罗纹针（袖窿）

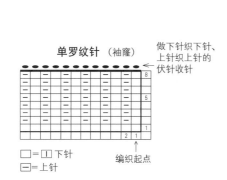

做下针织下针、上针织上针的伏针收针

8

5

2 1

□=Ⅰ下针
□=上针

编织起点

单罗纹针（衣领）

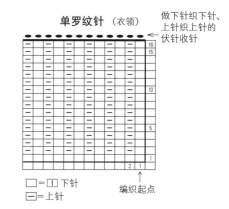

做下针织下针、上针织上针的伏针收针

16
15

10

5

2 1

□=Ⅰ下针
□=上针

编织起点

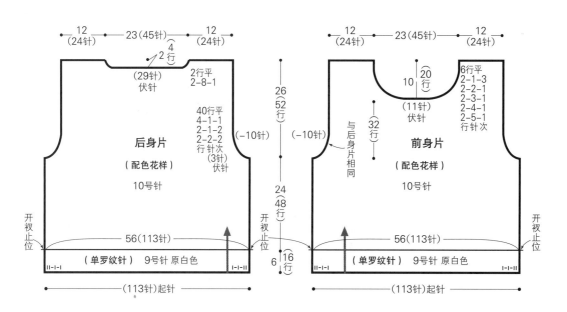

12（24针）　23（45针）　12（24针）

4行 2

（29针）伏针

2行平 2-8-1

40行平 4-1-1 2-1-2 2-2-2 行针次（3行）伏针

后身片

（配色花样）

10号针

（-10针）

26（52行）

24（48行）

开衩止位

56（113针）

（单罗纹针）　9号针　原白色

6 16行

（113针）起针

12（24针）　23（45针）　12（24针）

10 （20行）

（11针）伏针

6行平 2-1-3 2-2-1 2-3-1 2-4-1 2-5-1 行针次

前身片

（配色花样）

10号针

（-10针）

32（行）

与后身片相同

开衩止位

56（113针）

（单罗纹针）　9号针　原白色

（113针）起针

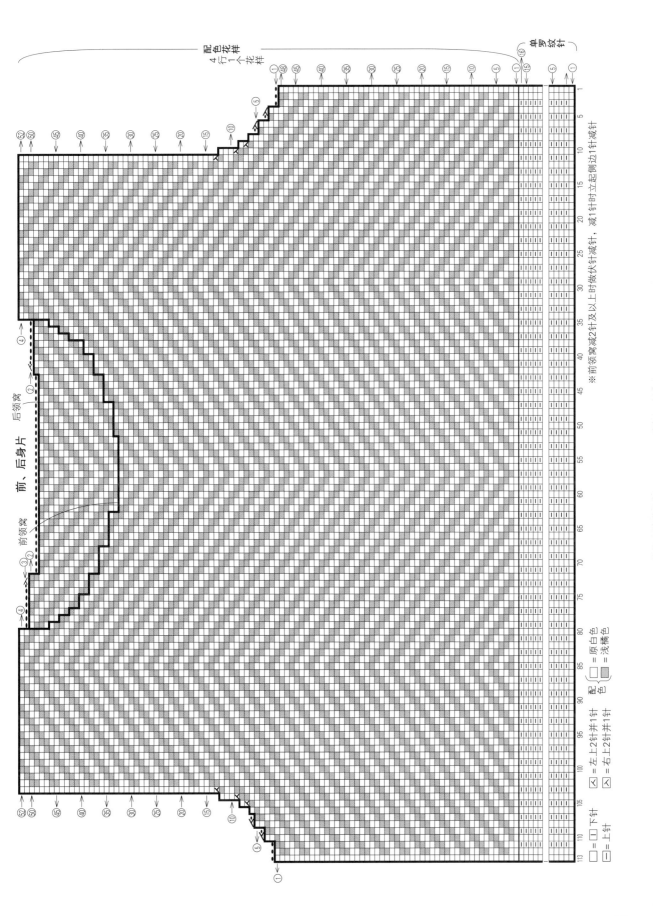

No. 02 →p.6

红色单肩包

材料和工具
和麻纳卡Hihumi Chunky 红色（206）260g；钩针10/0号、8/0号

成品尺寸
宽26cm，深23cm（不含提手）

编织密度
10cm×10cm面积内：编织花样A、B均为10针，11行

编织要点
- 底部钩22针锁针起针，参照图示一边加针一边钩织3行短针。钩织2片相同的织片。侧面在重叠的2片底部织片里插入钩针，第1行钩织短针的反拉针，接着按编织花样A钩织，共25行。提手在指定位置加线，按编织花样A、B钩织24行。
- 提手的编织终点正面朝内对齐标记（★）缝合。

组合方法

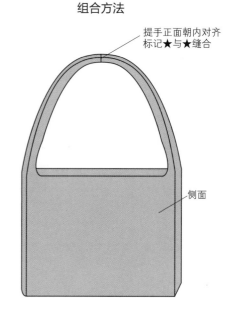

提手正面朝内对齐
标记★与★缝合

侧面

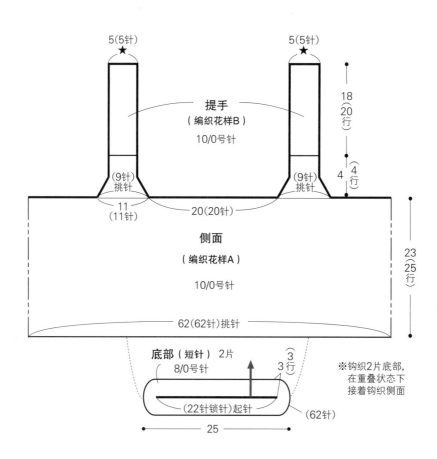

5（5针）★   5（5针）★

提手
（编织花样B）
10/0号针

18
（20
行）

4（4行）

（9针）
挑针   （9针）
挑针

11
（11针）   20（20针）

侧面
（编织花样A）
10/0号针

23
（25
行）

62（62针）挑针

底部（短针）2片
8/0号针   3（3行）
3行

（22针锁针）起针   （62针）

25

※钩织2片底部，
在重叠状态下
接着钩织侧面

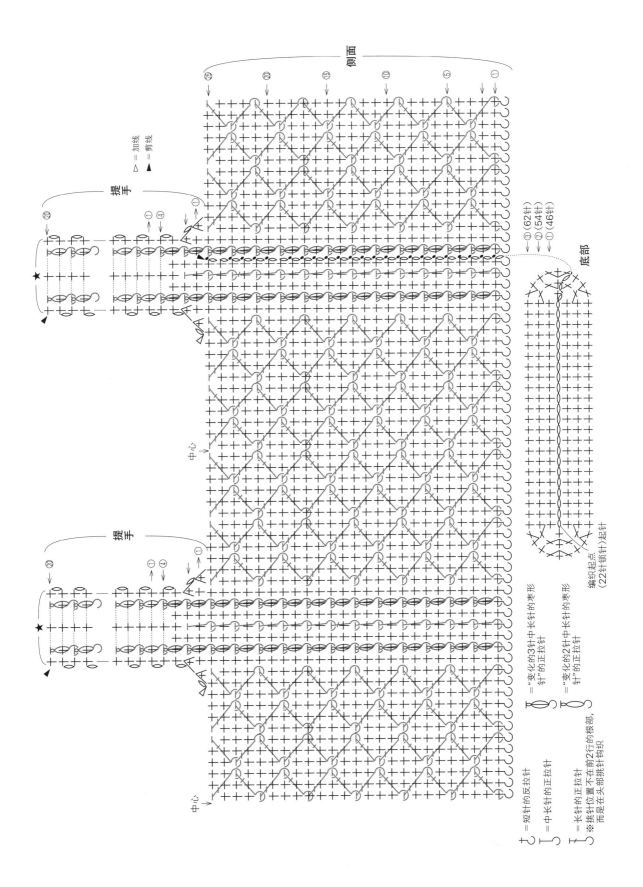

侧面

提手

提手

中心

中心

底部

编织起点
(22针锁针)起针

☑ = 加线
▲ = 剪线

⑳(62针)
⑫(54针)
①(46针)

ʈ = 短针的反拉针

ʃ = 中长针的正拉针

ʃ = 长针的正拉针

ʃ = "变化的3针中长针的枣形针"的正拉针

ʃ = "变化的2针中长针的枣形针"的正拉针

※挑针位置不在前2行的根部，
而是在头部挑针钩织

37

花样别致的围脖

材料和工具
和麻纳卡Sonomono Alpaca Boucle原白色（151）80g；棒针
15号

成品尺寸
颈围60cm，长28cm

编织密度
10cm×10cm面积内：编织花样14.5针，22行

编织要点
• 主体手指挂线起针后连接成环形。参照图示按编织花样
编织62行，编织终点做伏针收针。

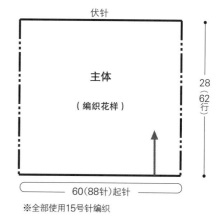

伏针

主体

（编织花样）

28
～
（62行）

60（88针）起针

※全部使用15号针编织

主体　编织花样　　　　伏针收针

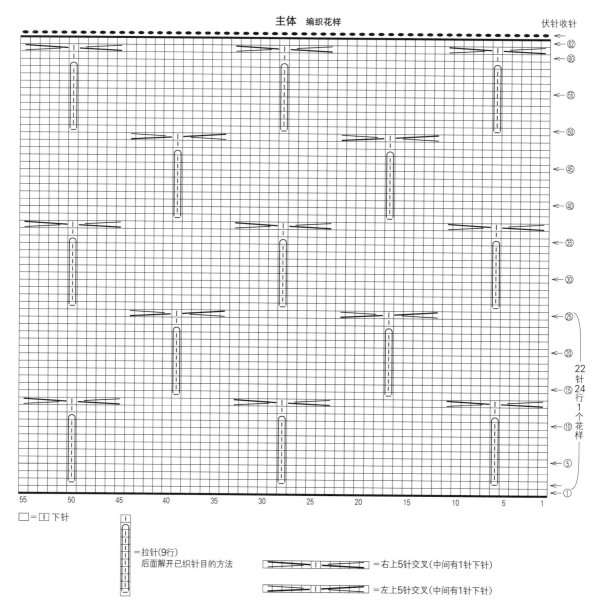

□=□ 下针

=拉针（9行）
后面解开已织针目的方法

=右上5针交叉（中间有1针下针）

=左上5针交叉（中间有1针下针）

No. O4 →p.9

简约的长款罗纹围脖

材料和工具
（p.8作品）灰色系：和麻纳卡Sonomono Alpaca Wool灰色（44）165g，原白色（41）80g；棒针12号
（p.9作品）蓝色系：和麻纳卡Men's Club Master白色（1）165g，海军蓝色（66）75g；棒针12号

成品尺寸
颈围164cm，长19cm

编织密度
灰色系：
10cm×10cm面积内：双罗纹针22针，20行
蓝色系：
10cm×10cm面积内：双罗纹针22针，18行

编织要点
● 主体手指挂线起针后开始编织。按指定行数和配色编织双罗纹针，编织终点做伏针收针。
● 对齐编织起点与编织终点做卷针缝合。

组合方法

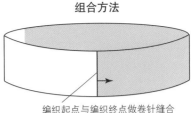

编织起点与编织终点做卷针缝合

尺寸、行数、颜色按"灰色系 蓝色系 "的形式标注，只有1种标注的情况表示通用

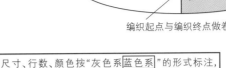

主体（双罗纹针）

伏针

原白色
海军蓝色

52
（104）
行
（94）
行

164
（328）
行
（296）
行

灰色
白色

112
（224）
行
（202）
行

19
（42针）起针

※全部使用12号针编织

做下针织下针、上针织上针的伏针收针

主体　双罗纹针

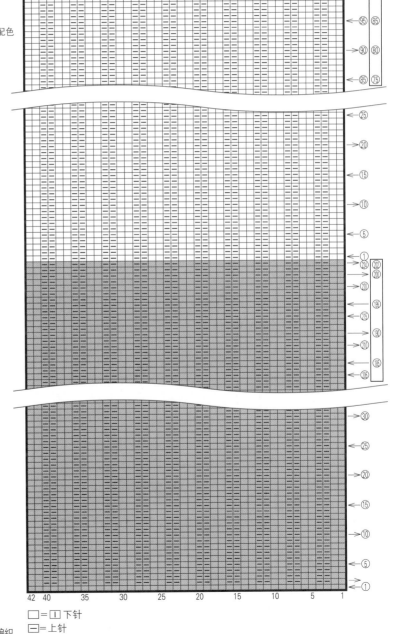

□ = ┃ 下针
━ = 上针

复古色调的披肩

材料和工具
和麻纳卡Alpaca Mohair Fine米色（2）105g，白色（1）50g，黄绿色（21）30g，蓝绿色（7）25g；Sonomono Alpaca Boucle原白色（151）、灰色（154）各15g；棒针10号

成品尺寸
宽48cm，长121cm

编织密度
10cm×10cm面积内：条纹花样19针，19行

编织要点
条纹花样不要纵向渡线，将配色线剪断做好线头处理。
●主体1、2手指挂线起针后，编织4行起伏针，接着按条纹花样分别编织指定行数，编织终点做休针处理。
●将主体1、2的编织终点侧正面朝内对齐做引拔接合。

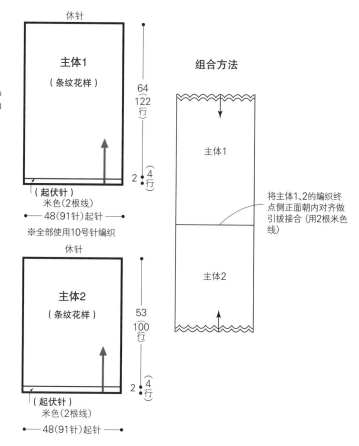

将主体1、2的编织终点侧正面朝内对齐做引拔接合（用2根米色线）

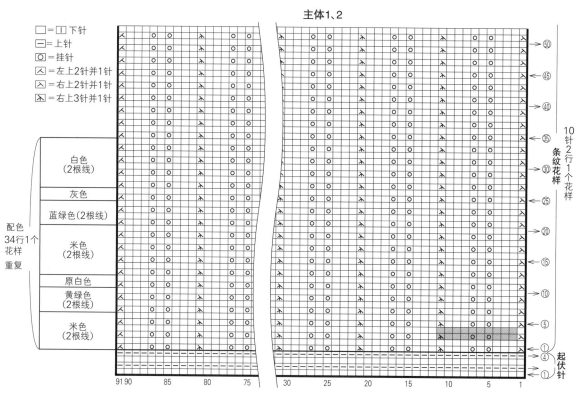

起伏针编织的贝雷帽

材料和工具
和麻纳卡Sonomono Grand原白色（161）95g；棒针
15号、7号

成品尺寸
头围36cm，深20cm（不含小装饰）

编织密度
10cm×10cm面积内：编织花样15针，21.5行

编织要点
•主体手指挂线起54针后连接成环形，参照图示按
编织花样一边分散加减针一边编织43行。接着参
照图示编织5行的小装饰，编织终点在剩下的针目
里穿线后收紧。

小装饰（i-cord）7号针
在剩下的针目
里穿线后收紧

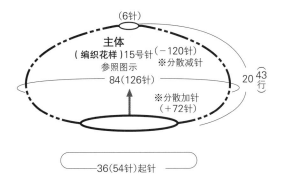

从主体（4针）
挑针

（6针）

主体
（编织花样）15号针（－120针）
参照图示   ※分散减针
84（126针）   20 43
※分散加针   行
（＋72针）

36（54针）起针

i-cord的编织方法

※使用没有堵头的棒针。
第1行编织结束后将线头拉回至编织起点侧，
从相同方向编织第2行。
重复此操作，编织终点穿线后收紧

小装饰

← ⑤

← ① 在主体的第43行里挑针编织

4 3 2 1

主体 编织花样

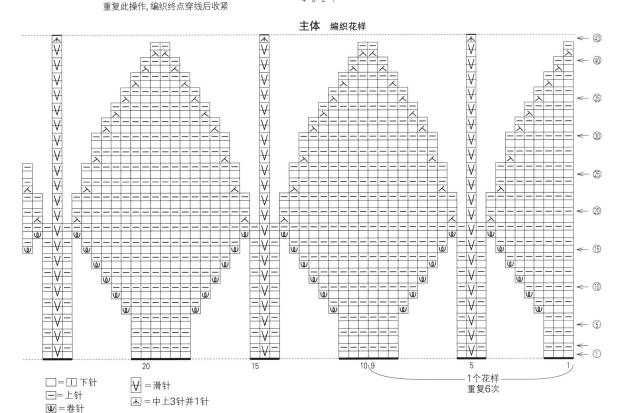

1个花样
重复6次

□ = 下针
− = 上针
卷针 = 卷针
= 左上2针并1针
= 右上2针并1针

V = 滑针
= 中上3针并1针

简约风高领毛衣

材料和工具
和麻纳卡Amerry冰蓝色（10）345g，Alpaca Mohair Fine 水蓝色（25）215g；棒针10号、8号

成品尺寸
胸围114cm，衣长58cm，连肩袖长74.5cm

编织密度
10cm×10cm面积内：下针编织15针，23行

编织要点
全部用Amerry和Alpaca Mohair Fine共2根线合股编织。
• 身片手指挂线起针后，做双罗纹针和下针编织。
• 肩部做盖针接合，衣袖从身片挑针后编织下针和双罗纹针。编织终点做伏针收针。
• 衣领挑取指定数量的针目后，一边调整编织密度一边编织双罗纹针，编织终点做伏针收针。
• 胁部、袖下做挑针缝合。

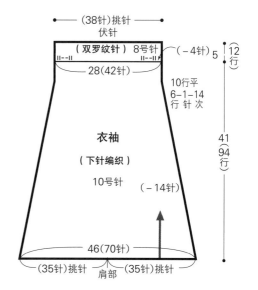

（38针）挑针
伏针

（双罗纹针） 8号针 （−4针）5 ┊12行

28（42针）

10行平
6-1-14
行 针 次

衣袖
（下针编织）
10号针

（−14针）

41（94行）

46（70针）

（35针）挑针 肩部 （35针）挑针

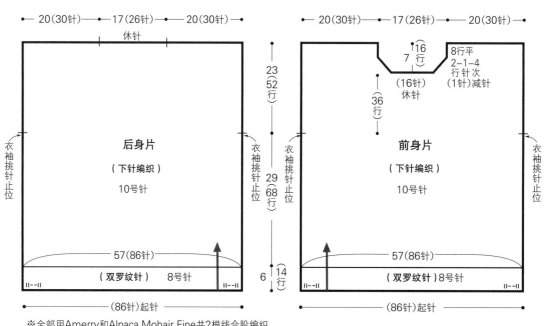

20（30针） 17（26针） 20（30针)

休针

后身片
（下针编织）
10号针

衣袖挑针止位

23（52行）

57（86针）

（双罗纹针） 8号针

6（14行）

(86针）起针

20（30针） 17（26针） 20（30针)

7 ┊16行 8行平 2-1-4 行针次 (1针)减针

36行

（16针）休针

前身片
（下针编织）
10号针

衣袖挑针止位

29（68行）

57（86针）

（双罗纹针）8号针

(86针）起针

※全部用Amerry和Alpaca Mohair Fine共2根线合股编织

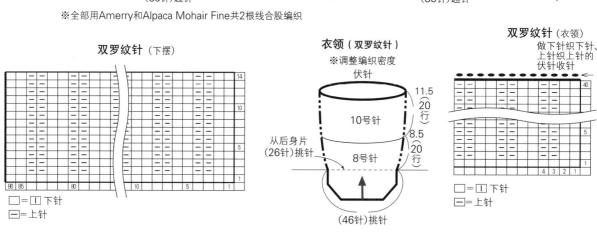

双罗纹针（下摆）

□=☐ 下针
☐=上针

衣领（双罗纹针）
※调整编织密度
伏针

11.5（20行）
10号针

8.5（20行）
8号针

从后身片（26针）挑针

（46针）挑针

双罗纹针（衣领）
做下针织下针、
上针织上针的
伏针收针

□=☐ 下针
☐=上针

前领窝

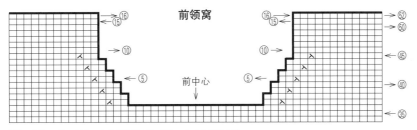

□ = Ⅰ 下针　人 = 右上2针并1针　人 = 左上2针并1针

衣袖

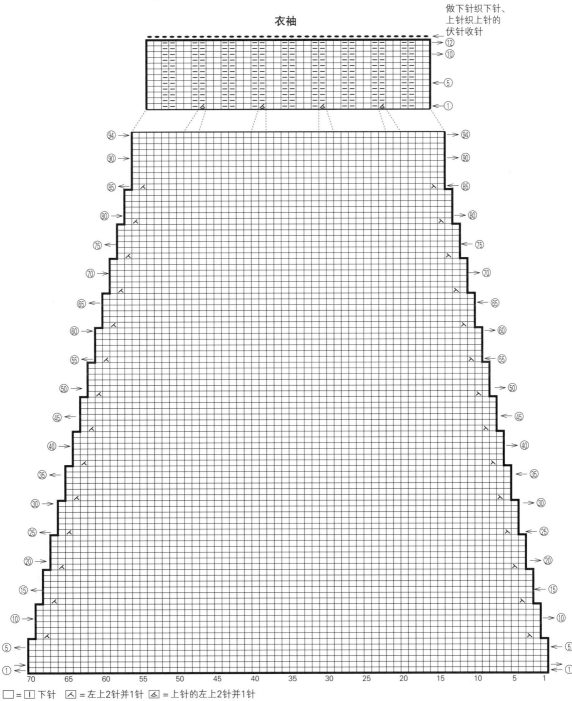

□ = Ⅰ 下针　人 = 左上2针并1针　人 = 上针的左上2针并1针
□ = 上针　人 = 右上2针并1针

毛茸茸的露指手套

材料和工具
和麻纳卡Sonomono Alpaca Wool沙米色（42）30g，Merino
Wool Fur原白色（9）25g；棒针10号、8号

成品尺寸
手掌围22cm，长21cm

编织密度
10cm×10cm面积内：单罗纹针20针，23.5行；下针编织
14.5针，24行

编织要点
• 主体手指挂线起针，编织20行单罗纹针、24行下针、6行
单罗纹针。在拇指开口止位做上记号后继续编织。编织
终点做伏针收针。
• 侧面分别对齐标记♥与♡、♡与♡做挑针缝合。

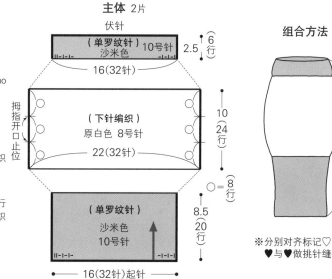

主体 2片
伏针
（单罗纹针）10号针
沙米色
2.5｛⁶⁶行⁾
16（32针）
拇指开口止位
（下针编织）
原白色 8号针
22（32针）
10｛²⁴行⁾
○=8｛⁸行⁾
（单罗纹针）
沙米色
10号针
8.5｛²⁰行⁾
16（32针）起针

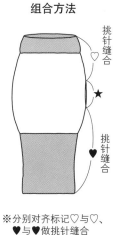

组合方法
挑针缝合
★
挑针缝合
※分别对齐标记♡与♡、
♥与♡做挑针缝合

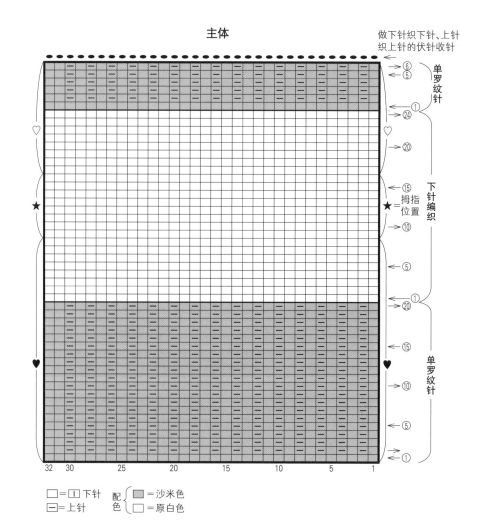

主体

做下针织下针、上针
织上针的伏针收针

⑥ ⑤ 单罗纹针

① ㉔
♡ ⑳
① 下针编织
⑮ 拇指位置
★ ⑩
⑤
① ⑳
⑮ 单罗纹针
♥ ⑩
⑤ ①

32 30 25 20 15 10 5 1

□=□ 下针   配色｛ =沙米色
□= 上针   □=原白色

No. IO →p.15

镂空花样马海毛围脖

材料和工具
和麻纳卡Alpaca Mohair Fine灰粉色（11）95g；棒针
10号

成品尺寸
颈围65cm，长40cm

编织密度
10cm×10cm面积内：编织花样15针，21行

编织要点
全部用2根线合股编织。
• 主体手指挂线起针，编织6行变化的罗纹针、74行
编织花样、6行变化的罗纹针。编织终点做下针织
下针、上针织上针的伏针收针。
• 将两端做挑针缝合。

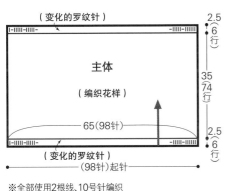

2.5 6行

主体
（编织花样）

35 74行

65（98针）

2.5 6行

（变化的罗纹针）

（98针）起针

※全部使用2根线、10号针编织

组合方法

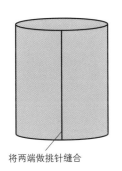

将两端做挑针缝合

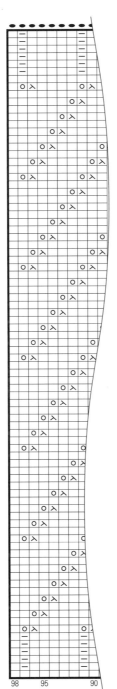

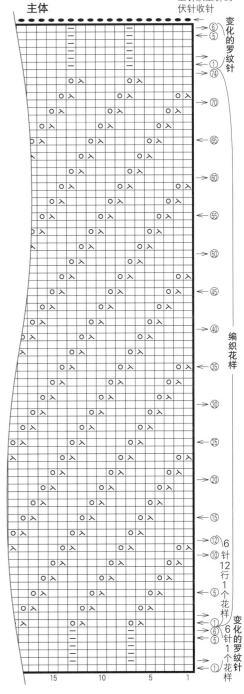

做下针织下针、
上针织上针的
伏针收针

变化的罗纹针

编织花样

6针12行1个花样

变化的罗纹针

6针1个花样

□ =|下针　　⋋ =右上2针并1针

— =上针　　○ =挂针

45

拼花披肩

材料和工具

和麻纳卡Sonomono Hairy 原白色（121）190g，Sonomono Alpaca Lily褐色（113）50g；钩针8/0号

成品尺寸

宽150cm，长53cm

编织密度

花片：直径10cm

编织要点

• 花片环形起针，一边换色一边钩织3行。从第2片开始与前面的花片做短针连接，一共钩织75片。

花片

75片

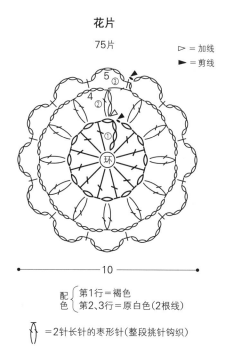

▷ = 加线
► = 剪线

├─── 10 ───┤

配色 ┤ 第1行＝褐色
　　 ┤ 第2、3行＝原白色（2根线）

╫ ＝2针长针的枣形针（整段挑针钩织）

主体（连接花片）

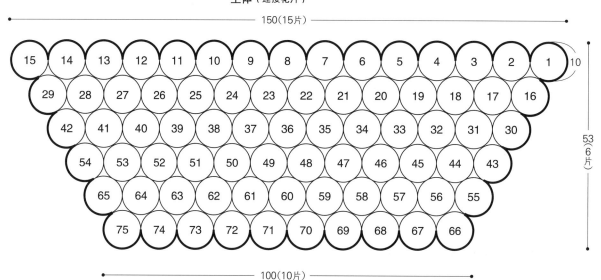

├──────── 150（15片）────────┤

53（6片）

├──── 100（10片）────┤

※全部使用8/0号针钩织

※花片内的数字表示钩织和连接的顺序

主体　花片的连接方法

▷ = 加线
▲ = 剪线

松软的羊驼绒兜帽

材料和工具
和麻纳卡Sonomono Alpaca Wool原白色（41）或者灰色（45）均为215g；棒针10号

成品尺寸
颈围60cm，长52cm

编织密度
10cm×10cm面积内：桂花针15针，26.5行；下针编织15针，22行

编织要点
● 主体手指挂线起90针后连接成环形。先编织16行桂花针，接着编织24行下针后翻至反面，参照图示在第24行以及接下来的第1行做卷针加针。接着参照图示往返编织77行下针。引返编织部分先做右侧的引返编织，编织至第77行后紧接着编织左侧的第15行，继续做左侧的引返编织。编织终点将☆与★部分正面朝内对齐做引拔接合。
● 将折边部分向内侧翻折后做斜针缝缝合。
● 抽绳手指挂线起针后，编织i-cord。穿入穿绳孔，在两端各打一个结。

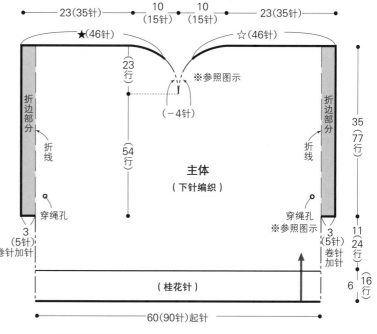

※全部使用10号针编织

抽绳

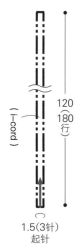

※i-cord的编织方法参照p.41

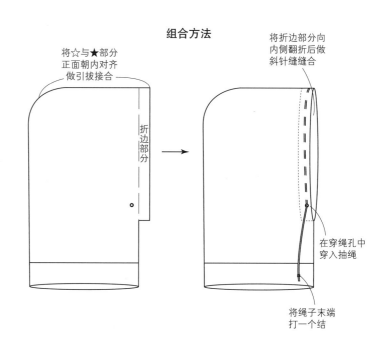

主体

編織終点

☆（46针）

★（46针）

編織24行后，翻至
反面做5针起针

桂花针

下针編織

穿绳孔

穿绳孔

☐＝☐下针
─＝上针
Ш＝卷针
⋏＝左上2针并1针
⋋＝右上2针并1针
O＝挂针
V＝滑针

树叶花样开衫

材料和工具

和麻纳卡Hihumi Slub原白色（101）690g；刺绣线褐色、黄色各适量；直径3cm的纽扣（4孔）5颗；棒针8mm

成品尺寸

胸围118cm，衣长49.5cm，连肩袖长71cm

编织密度

10cm×10cm面积内：下针编织、编织花样均为10针，15行

编织要点

- 身片、衣袖均为手指挂线起针。参照图示，身片按起伏针和下针编织，衣袖按起伏针、编织花样、下针编织。
- 肩部做引拔接合。衣领挑取指定数量的针目后编织起伏针，编织终点做伏针收针。
- 衣袖与身片之间做针与行的接合。
- 胁部、袖下做挑针缝合。
- 口袋手指挂线起针，按编织花样和起伏针编织。将口袋缝在左前身片、右前身片的指定位置。
- 参照纽扣的缝法，缝上纽扣。

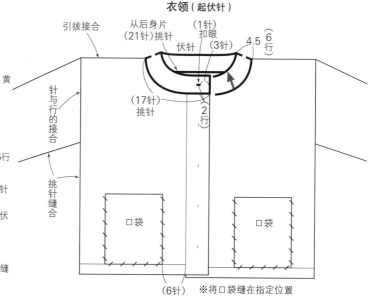

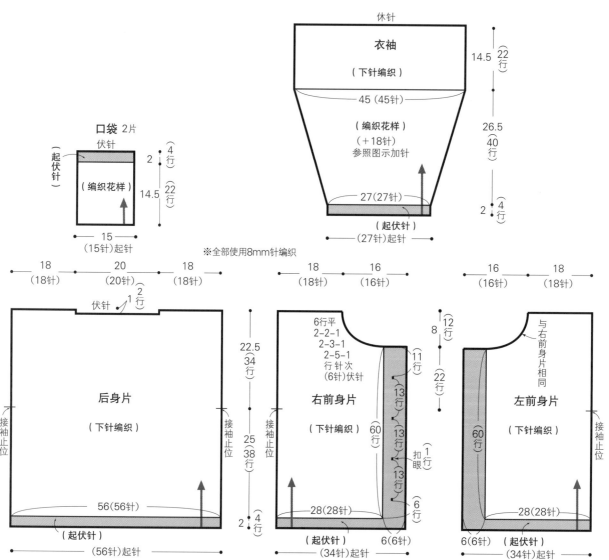

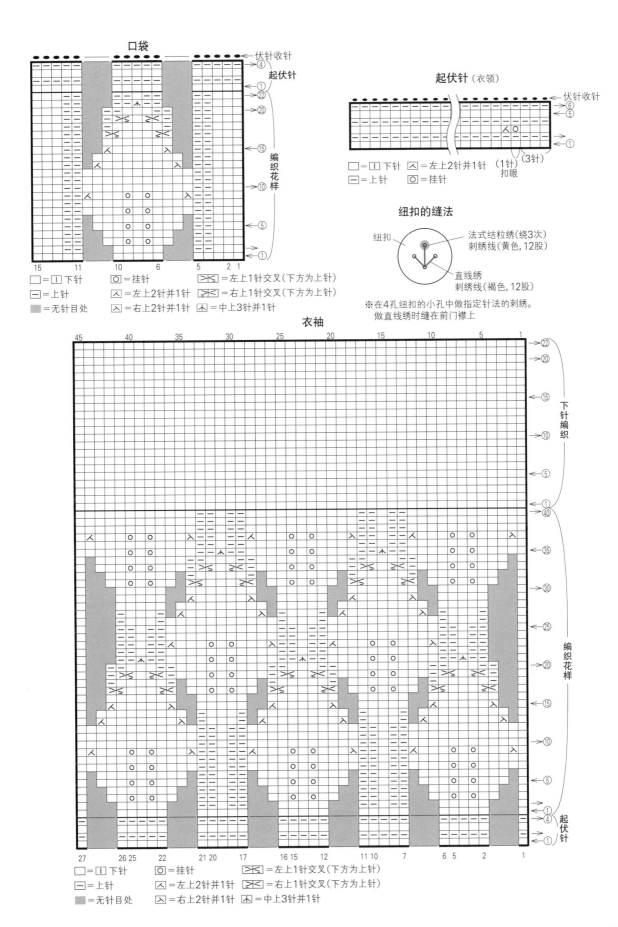

口袋

伏针收针
起伏针

编织花样

15 11 10 6 5 2

□=下针 ☑=挂针 ☒=左上1针交叉(下方为上针)
=上针 人=左上2针并1针 ☒=右上1针交叉(下方为上针)
无针目处 人=右上2针并1针 人=中上3针并1针

起伏针(衣领)

伏针收针
起伏针
(3针) (1针)扣眼

□=下针 人=左上2针并1针 (1针)扣眼
=上针 ◯=挂针

纽扣的缝法

纽扣
法式结粒绣(绕3次)
刺绣线(黄色,12股)
直线绣
刺绣线(褐色,12股)

※在4孔纽扣的小孔中做指定针法的刺绣。
做直线绣时缝在前门襟上

衣袖

下针编织

编织花样

起伏针

45 40 35 30 25 20 15 10 5 1

27 26 25 22 21 20 17 16 15 12 11 10 7 6 5 2 1

□=下针 ◯=挂针 ☒=左上1针交叉(下方为上针)
=上针 人=左上2针并1针 ☒=右上1针交叉(下方为上针)
无针目处 人=右上2针并1针 人=中上3针并1针

51

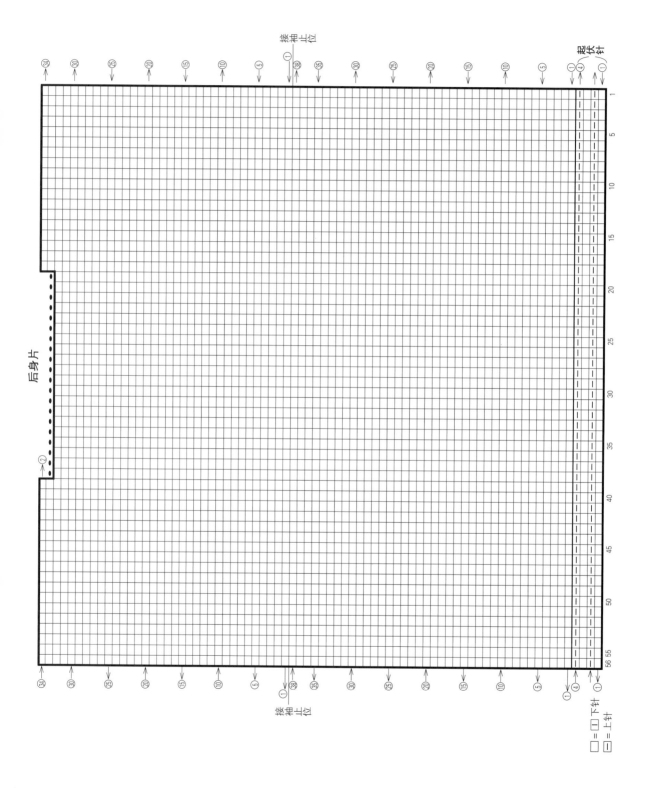

接袖止位

起伏针

后身片

接袖止位

□ = □ 下针
□ = 上针

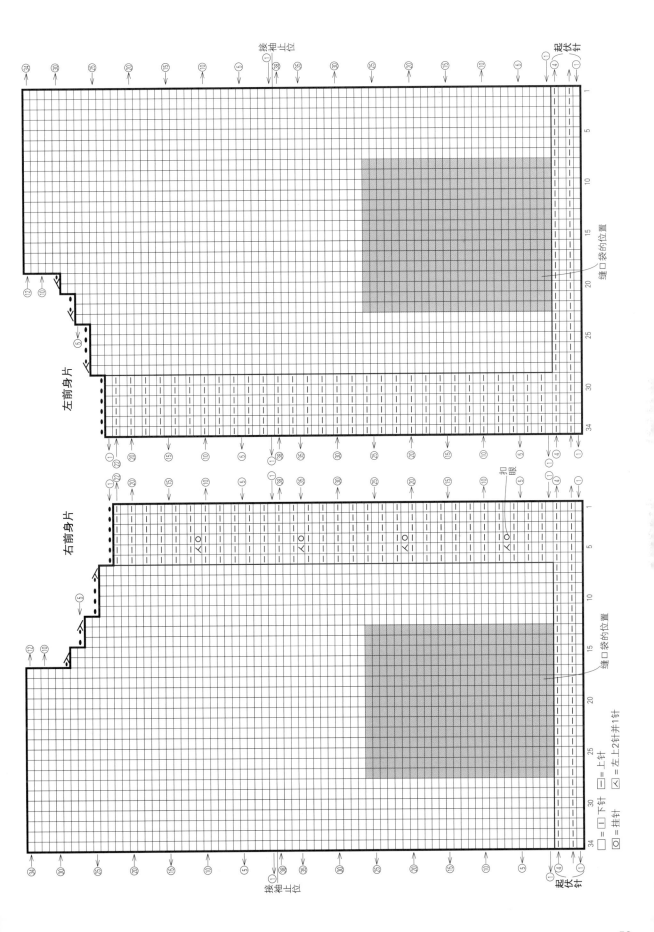

左前身片

右前身片

接袖止位

起伏针

缝口袋的位置

扣眼

接袖止位

起伏针

缝口袋的位置

起伏针

□ = 下针　□ = 上针　△ = 左上2针并1针
□ = 挂针　□ = 左上2针并1针

53

No. 13 →p.20

小鸟花样围脖

材料和工具
和麻纳卡Men's Club Master红色（42）85g，灰色（56）30g；棒针12号

成品尺寸
颈围64cm，长28.5cm

编织密度
10cm×10cm面积内：桂花针15针，23行；配色花样15针，18行

编织要点
● 主体手指挂线起针后连接成环形。参照图示编织37行桂花针、19行横向渡线的配色花样、3行单罗纹针。编织终点做下针织下针、上针织上针的伏针收针。

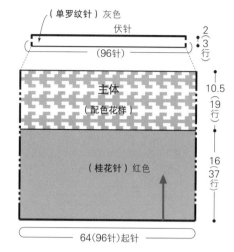

（单罗纹针）灰色
伏针
（96针）
2
3行

主体
（配色花样）
10.5
（19行）

（桂花针）红色
16
（37行）

64（96针）起针

※全部使用12号针编织

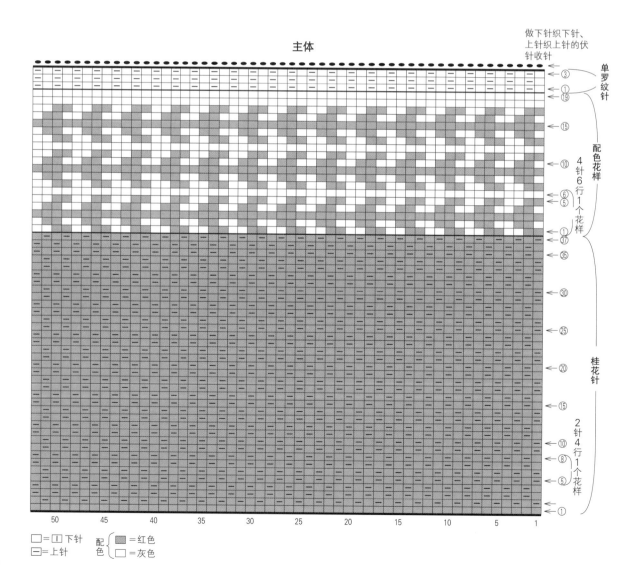

主体

做下针织下针、上针织上针的伏针收针

单罗纹针

配色花样

4针6行1个花样

桂花针

2针4行1个花样

□=□下针
□=上针

配色 ■=红色
□=灰色

圈圈线编织的发带

材料和工具
和麻纳卡Hihumi Slub卡其色（105）20g，
Sonomono Loop沙米色（52）15g；棒针8mm

成品尺寸
宽9cm，周长49cm

编织密度
10cm×10cm面积内：单罗纹针16针，14.5行；起伏
针12.5针，17行

编织要点
· 主体手指挂线起针，编织20行单罗纹针、36行起
伏针、20行单罗纹针。编织终点做伏针收针。
· 将编织起点的正面与编织终点的反面对齐做卷针
缝合（扭转1次后的状态）。

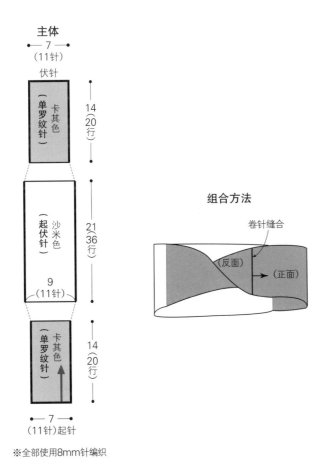

主体
←—7—→
（11针）
伏针

（单罗纹针）卡其色

14（20行）

（起伏针）沙米色

21（36行）

9（11针）

（单罗纹针）卡其色

14（20行）

←—7—→
（11针）起针

※全部使用8mm针编织

组合方法

卷针缝合
（反面）
（正面）

主体

伏针收针
⑳
⑮
⑩
⑤
①

单罗纹针

㊱
㉟
㉚
㉕
⑳
⑮
⑩
⑤
①

起伏针

⑳
⑮
⑩
⑤
①

单罗纹针

11 10   5   1

□=│=下针
─=上针

配色 { ▨=卡其色
      □=沙米色

嫩绿色阿兰花样围巾

材料和工具
和麻纳卡Hihumi Chunky 嫩绿色（204）330g；棒针8mm

成品尺寸
宽18cm，长164cm（不含流苏）

编织密度
10cm×10cm面积内：编织花样16针，15.5行

编织要点
• 主体手指挂线起针，按编织花样编织254行。编织终点做伏针收针。
• 在主体的编织起点与编织终点的针目里分别系上29处流苏。

主体 编织花样

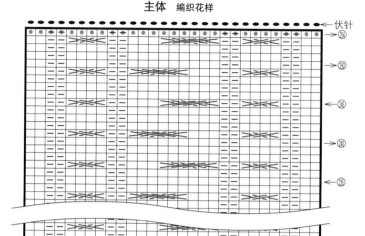

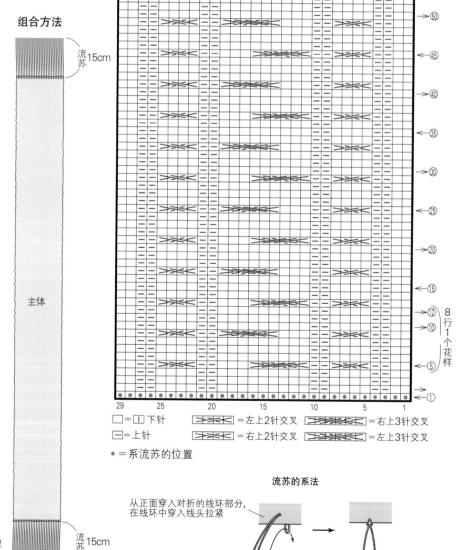

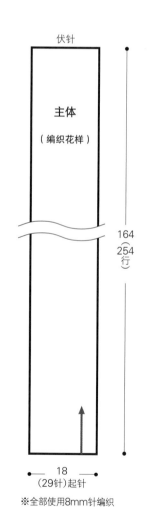

组合方法

主体
（编织花样）

伏针

164
（254行）

18
（29针）起针

※全部使用8mm针编织

※在编织起点与编织终点的针目里分别系上29处流苏（参照图示）。取1根35cm长的线对折，系在指定位置，再将末端修剪整齐

流苏15cm

主体

流苏15cm

□ = ① 下针　　　=左上2针交叉　　　=右上3针交叉
— = 上针　　　=右上2针交叉　　　=左上3针交叉

• =系流苏的位置

8行1个花样

流苏的系法

从正面穿入对折的线环部分，在线环中穿入线头拉紧

修剪整齐

No. 16 →p.22

竖条纹围巾

材料和工具
和麻纳卡Hihumi Chunky 黄色（205）、灰色（208）
各120g；棒针8mm

成品尺寸
宽17.5cm，长160cm

编织密度
10cm×10cm面积内：编织花样9针，22行

编织要点
● 主体手指挂线起针，按编织花样每行换色编织352
行。编织终点前一行是拉针时在移过来的针目与挂
针里一起编织下针，在上针里编织上针，做伏针收
针。

主体　编织花样

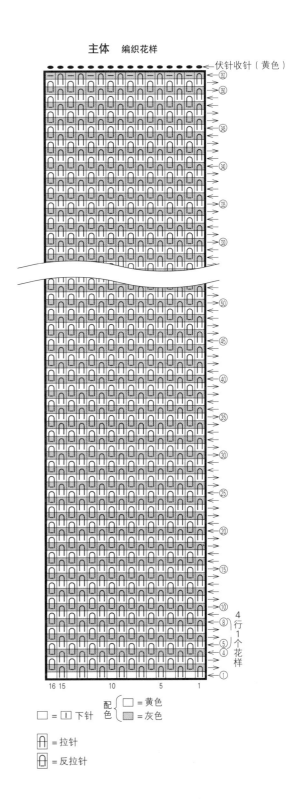

←伏针收针（黄色）

4
行
1
个
花
样

16 15　　10　　　5　　　1

配色 { □ = 黄色　■ = 灰色

□ = 丁 下针

闩 = 拉针

闩 = 反拉针

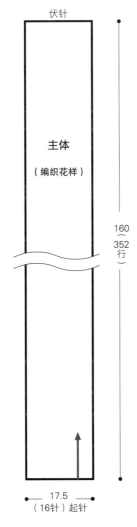

伏针

主体

（编织花样）

160
（352
行）

17.5
（16针）起针

※全部使用8mm针编织

No.17 →p.23

简单的帽子

材料和工具
和麻纳卡Hihumi Slub浅灰色（109）或者卡其色（105）均为
80g；棒针8mm

成品尺寸
头围46cm，深21.5cm

编织密度
10cm×10cm面积内：编织花样11针，21.5行

编织要点
• 主体手指挂线起50针后连接成环形，编织6行单罗纹针。
接着无须加减针，按编织花样编织32行。然后参照图示，
一边分散减针一边编织7行下针。编织终点在剩下的针目
里穿2次线后收紧。

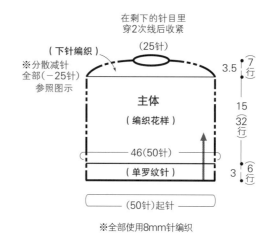

在剩下的针目里
穿2次线后收紧

（下针编织）　（25针）

※分散减针
全部（−25针）
参照图示

主体
（编织花样）

46（50针）

（单罗纹针）

（50针）起针

3.5〔7行〕

15〔32行〕

3〔6行〕

※全部使用8mm针编织

主体

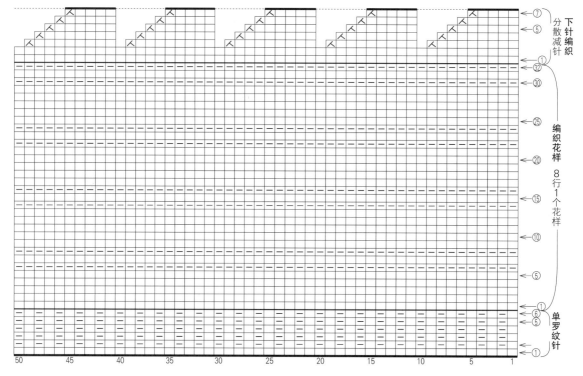

下针编织
分散减针

编织花样
8行1个花样

单罗纹针

□=│下针　⊼=左上2针并1针
⊟=上针

阿兰花样粗花呢围巾

材料和工具
和麻纳卡Aran Tweed原白色（1）215g；棒针8号

成品尺寸
宽20cm，长158cm

编织密度
10cm×10cm面积内：编织花样23.5针，23行

编织要点
● 主体手指挂线起针，按编织花样编织364行。编织终点一边继续编织花样一边做伏针收针。

主体

伏针

主体

（编织花样）

158
（364
行）

20
（47针）起针

※全部使用8号针编织

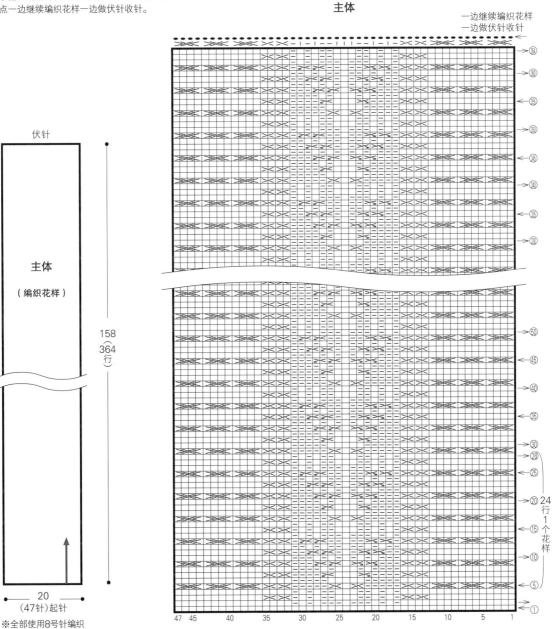

主体

一边继续编织花样
一边做伏针收针

24
行
1
个
花
样

□ = ① 下针　　⦻ = 左上1针交叉　　⦻ = 左上1针交叉(下方为上针)　　⦻ = 左上2针交叉
─ = 上针　　⦻ = 右上1针交叉　　⦻ = 右上1针交叉(下方为上针)　　⦻ = 右上2针交叉

No. 19 →p.25

阿兰花样围脖

材料和工具
和麻纳卡Aran Tweed姜黄色（103）95g；棒针8号

成品尺寸
颈围63cm，长20cm

编织密度
10cm×10cm面积内：编织花样23.5针，23行

编织要点
- 主体手指挂线起针，按编织花样编织144行。
- 编织起点与编织终点一边交叉针目一边做下针无缝缝合，使编织花样呈连续状态。

组合方法

编织起点与编织终点
做下针无缝缝合

一边交叉针目一边做
下针无缝缝合，使编
织花样呈连续状态

主体 编织花样

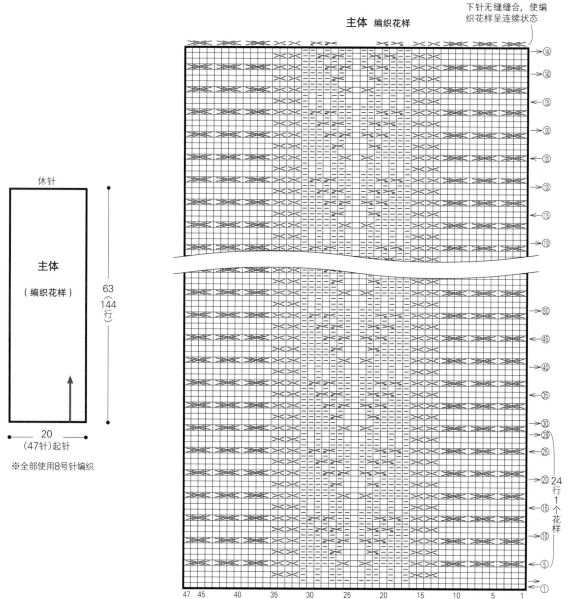

休针

主体
（编织花样）

63
（144行）

20
（47针）起针

※全部使用8号针编织

24行1个花样

□ = ① 下针　　⟩⟨ = 左上1针交叉　　⟩⟨ = 左上1针交叉（下方为上针）　　⟩⟩⟨ = 左上2针交叉
⹀ = 上针　　⟩⟨ = 右上1针交叉　　⟩⟨ = 右上1针交叉（下方为上针）　　⟩⟩⟨ = 右上2针交叉

No. 20 →p.26

纹理独特的围巾

材料和工具
和麻纳卡Hihumi Slub藏青色（107）230g；棒针8mm

成品尺寸
宽19cm，长142cm

编织密度
10cm×10cm面积内：编织花样11.5针，17.5行

编织要点
• 主体手指挂线起针，编织4行起伏针、242行编织花样、4行起伏针。编织终点做伏针收针。

主体

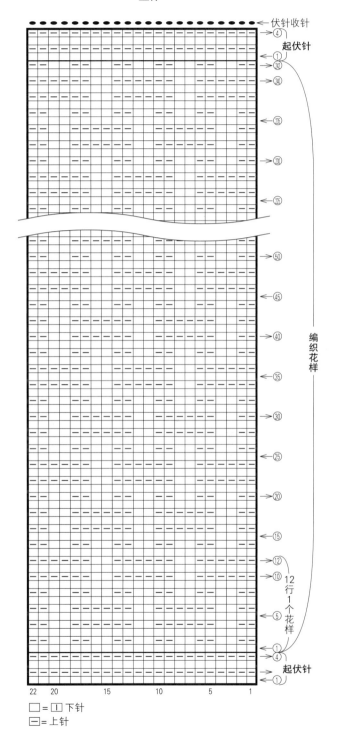

= ☐ 下针
= ⊟ 上针

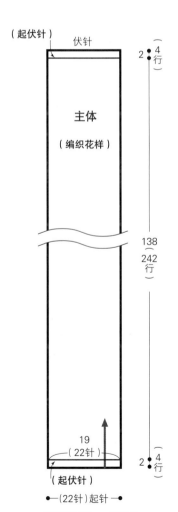

※全部使用8mm针编织

起伏针编织的围巾

材料和工具
和麻纳卡Hihumi Slub卡其色（105）200g；棒针8mm

成品尺寸
宽18cm，长139cm

编织密度
10cm×10cm面积内：起伏针11针，18行

编织要点
• 主体手指挂线起针，编织250行起伏针。编织终点做伏针收针。

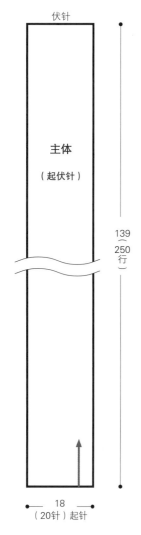

伏针

主体

（起伏针）

139
（250
行）

18
（20针）起针

※全部使用8mm针编织

主体　起伏针

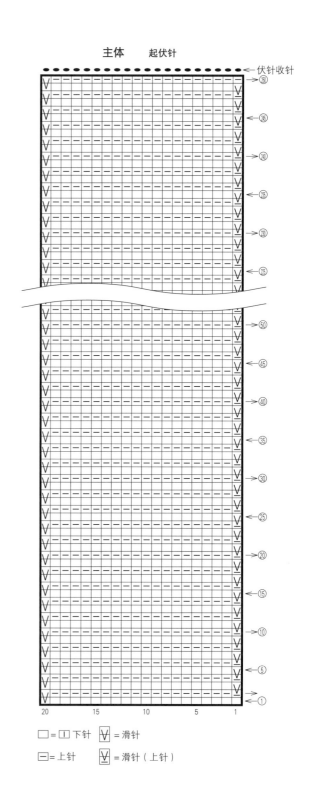

伏针收针

□ = 囗 下针　Ⅴ = 滑针

曰 = 上针　Ⅴ = 滑针（上针）

No. 22 →p.27

三色滑雪帽

材料和工具
和麻纳卡AmerryL（极粗）藏青色（107）、红色
（106）各60g，白色（101）20g；棒针15号

成品尺寸
头围42cm，深26.5cm

编织密度
10cm×10cm面积内：编织花样15针，18行

编织要点
- 主体手指挂线起64针后连接成环形，一边换色
  一边编织30行双罗纹针条纹。接着按编织花样
  编织32行。编织终点在针目里穿线后收紧。
- 3种颜色各取1根线，用3根线制作直径9cm的小
  绒球，缝在主体的顶部。
- 将双罗纹针条纹部分翻折后使用。

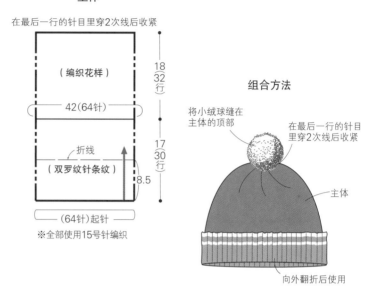

主体

在最后一行的针目里穿2次线后收紧

（编织花样）

18/32行

42（64针）

折线

（双罗纹针条纹）

17/30行

8.5

（64针）起针

※全部使用15号针编织

组合方法

将小绒球缝在主体的顶部

在最后一行的针目里穿2次线后收紧

主体

向外翻折后使用

主体

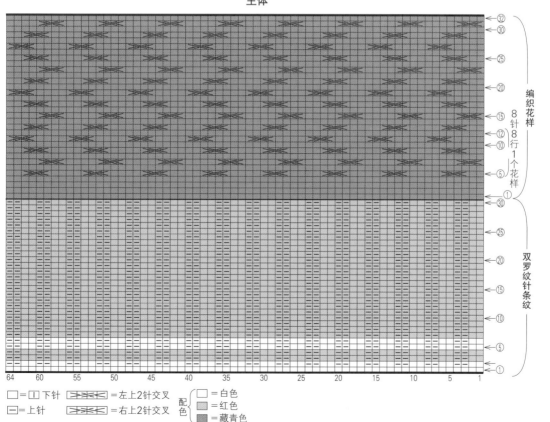

□=Ⅰ 下针　⨉⨉=左上2针交叉
─=上针　⨉⨉=右上2针交叉

配色
□=白色
▨=红色
▨=藏青色

编织花样
8针8行1个花样

双罗纹针条纹

洛皮毛衣

材料和工具
和麻纳卡Sonomono Grand浅灰色（164）450g，原白色
（161）195g，褐色（163）65g；棒针8mm、15号

成品尺寸
胸围104cm，衣长63cm，连肩袖长79cm

编织密度
10cm×10cm面积内：下针编织12针，16行；配色花样A、
B均为11.5针，16行

编织要点
● 育克另线锁针起针，参照图示一边分散加针一边编织横
向渡线的配色花样A。
● 在后身片往返编织4行下针作为前后差。在腋下起针，然
后从育克挑取指定数量的针目，将前、后身片连起来环
形编织下针、配色花样B、单罗纹针。编织终点做伏针收
针。
● 衣袖从腋下和育克挑取指定数量的针目，环形编织下针、
配色花样B、单罗纹针。编织终点做伏针收针。
● 衣领解开起针的锁针挑取针目，编织单罗纹针。编织终点
做伏针收针。

衣领
（单罗纹针）
15号针 原白色
25
4.5（8行）
从育克
（78针）挑针

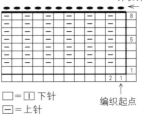

单罗纹针（衣领）
做下针织下针、
上针织上针的伏
针收针

8
5
1
编织起点

□＝｜１｜下针
□＝ 上针

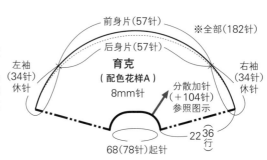

前身片（57针）
※全部（182针）
后身片（57针）
左袖（34针）休针
右袖（34针）休针
育克
（配色花样A）
8mm针
分散加针
（＋104针）
参照图示
22 36行
68（78针）起针

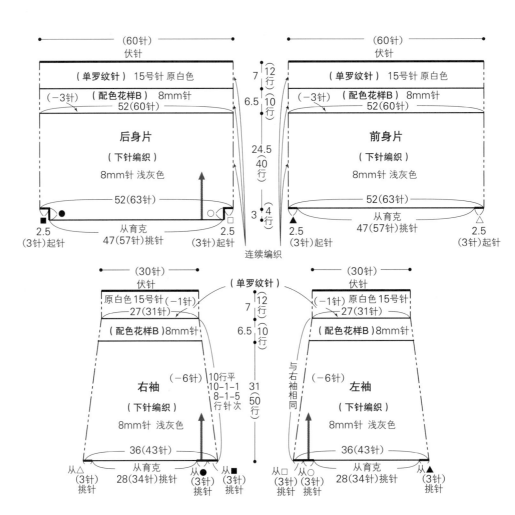

（60针）伏针
（单罗纹针）15号针 原白色
（−3针）（配色花样B）8mm针
52（60针）
后身片
（下针编织）
8mm针 浅灰色
52（63针）
2.5（3针）起针
从育克
47（57针）挑针
2.5（3针）起针

7（12行）
6.5（10行）
24.5（40行）
3（4行）
连续编织

（60针）伏针
（单罗纹针）15号针 原白色
（−3针）（配色花样B）8mm针
52（60针）
前身片
（下针编织）
8mm针 浅灰色
52（63针）
2.5（3针）起针
从育克
47（57针）挑针
2.5（3针）起针

（30针）伏针
原白色15号针（−1针）
27（31针）
（配色花样B）8mm针
右袖
（下针编织）
8mm针 浅灰色
（−6针）10行平
10-1-1
8-1-5 行针次
36（43针）
从△（3针）挑针
从●（3针）挑针
从■（3针）挑针
28（34针）挑针

7（12行）
6.5（10行）
31（50行）
（单罗纹针）

（30针）伏针
（−1针）原白色15号针
27（31针）
（配色花样B）8mm针
左袖
（下针编织）
8mm针 浅灰色
与右袖相同
（−6针）
36（43针）
从□（3针）挑针
从○（3针）挑针
28（34针）挑针
从▲（3针）挑针

配色花样A和分散加针（育克）

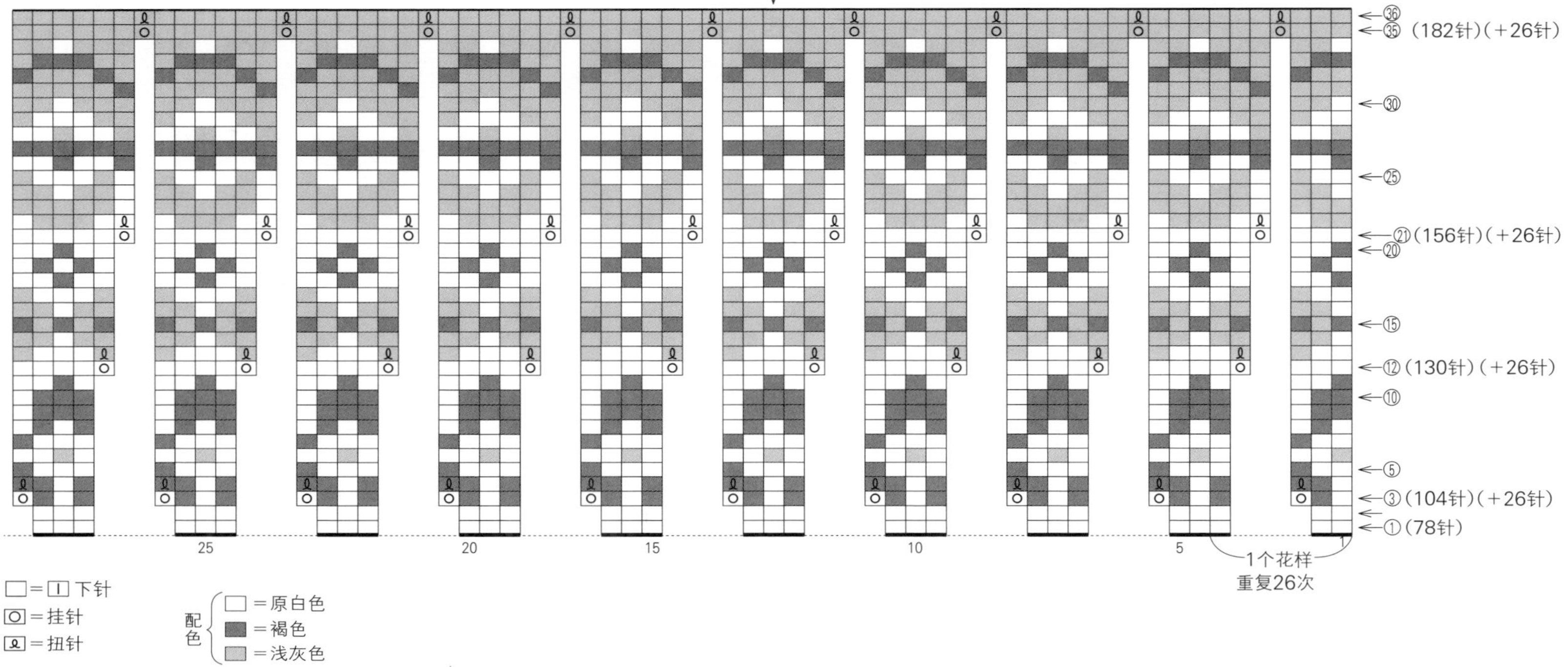

后中心

□ = 下针
□ = 挂针
区 = 扭针

配色 { □ = 原白色
□ = 褐色
□ = 浅灰色 }

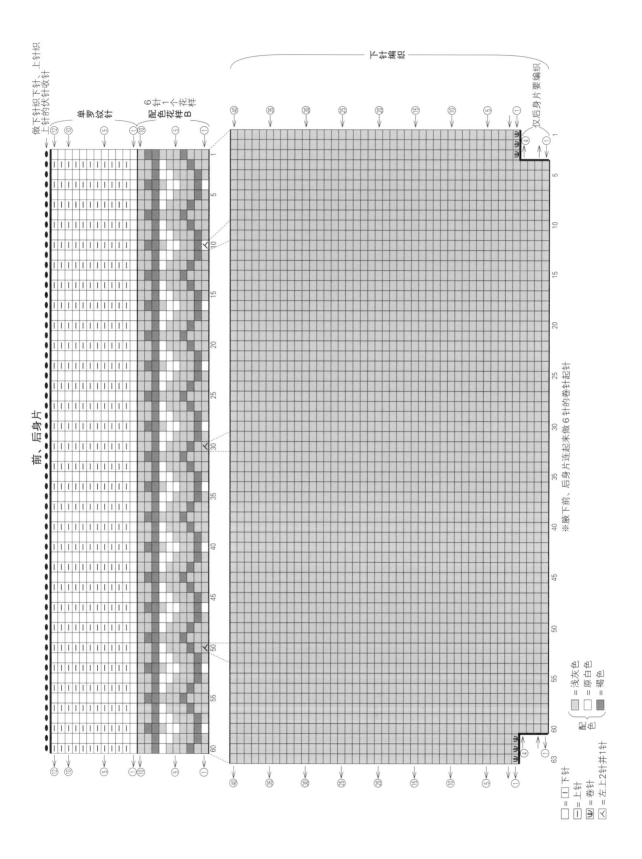

前、后身片

下针编织

做下针织下针、上针织
上针的伏针收针

单罗纹针

6针1个
配色花样
B花样

以后身片要编织

淡腋下前、后身片连起来做6针的卷针起针

配色 {
= 浅灰色
= 原白色
= 褐色

□ = ① 下针
— = 上针
⊠ = 卷针
⋏ = 左上2针并1针

衣袖

做下针织下针、
上针织上针的伏
针收针

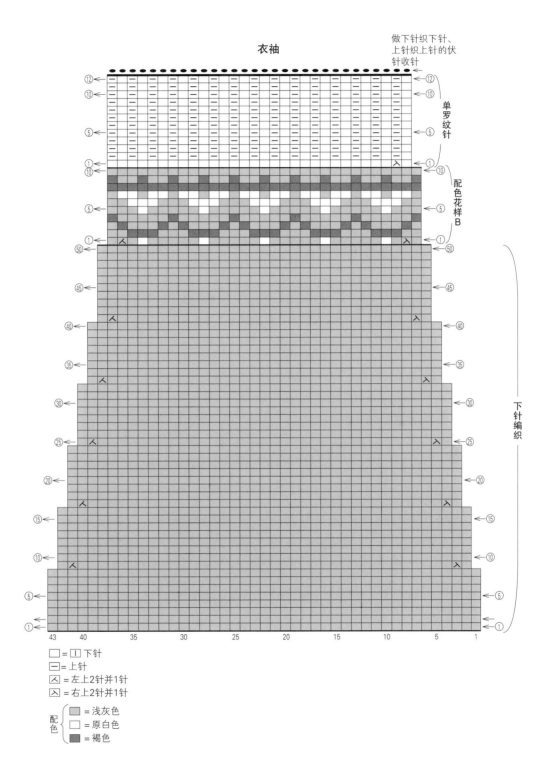

单罗纹针

配色花样B

下针编织

□ = □ 下针
□ = 上针
⋏ = 左上2针并1针
⋏ = 右上2针并1针

配色 { ▨ = 浅灰色
       □ = 原白色
       ▉ = 褐色

圆柄小拎包

材料和工具
和麻纳卡Sonomono Grand浅灰色（164）230g，褐色（163）50g；提手配件（H210-011黑色，直径约12.5cm）；钩针10/0号

成品尺寸
宽28cm，深20cm

编织密度
10cm×10cm面积内：编织花样13针，9.5行

编织要点
• 底部钩30针锁针起针，参照图示一边加针一边钩织2行短针。接着侧面换线，按编织花样钩织19行。
• 口袋钩17针锁针起针，接着钩织16行短针。
• 包住提手配件钩织1行短针。
• 将口袋除袋口以外的3条边缝在侧面指定位置的反面，再将提手缝在侧面的外侧。

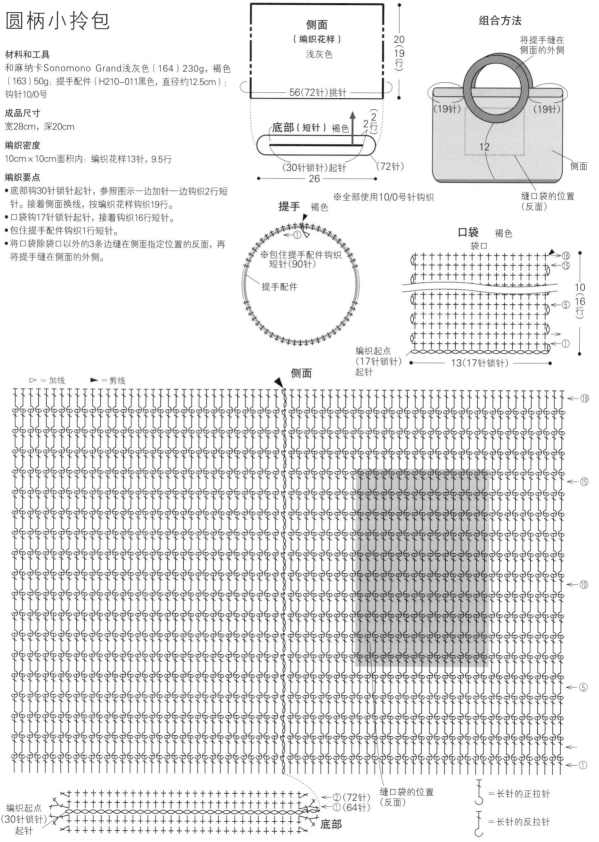

侧面
（编织花样）
浅灰色

20
（19行）

56（72针）挑针

底部（短针）褐色

2行

（30针锁针）起针　　（72针）

26

组合方法

将提手缝在侧面的外侧

（19针）　　　（19针）

12

缝口袋的位置
（反面）

侧面

※全部使用10/0号针钩织

提手　褐色

①

※包住提手配件钩织
短针（90针）

提手配件

口袋　褐色

袋口

10
（16行）

编织起点
（17针锁针）
起针

13（17针锁针）

▷＝加线　　►＝剪线

侧面

缝口袋的位置
（反面）

②（72针）
①（64针）

编织起点
（30针锁针）
起针

底部

⌇＝长针的正拉针

⌇＝长针的反拉针

No. 25 →p.31

带皮标的粗花呢帽子

材料和工具
和麻纳卡Aran Tweed绿色（18）120g，夹花棕米色（2）40g；皮标1.5cm×6.5cm，宽2mm的皮绳30cm；棒针12号、10号

成品尺寸
头围52cm，深27.5cm

编织密度
10cm×10cm面积内：双罗纹针、下针编织均为14针，18行

编织要点
主体全部用2根线合股编织。
- 主体用2根绿色线手指挂线起72针后连接成环形，编织36行双罗纹针。接着各取1根绿色线和夹花棕米色线（共2根线）无须加减针编织16行下针，然后一边分散减针一边编织15行。编织终点在剩下的针目里穿线后收紧。
- 参照图示制作小绒球，在主体的顶部穿入皮绳，在反面打结固定。
- 皮标参照图示打孔，对折后夹在主体的指定位置缝合。
- 将双罗纹针部分翻折后使用。

主体

在剩下的针目里穿2次线后收紧（8针）

※分散减针全部（−64针）参照图示

（下针编织）12号针
52(72针)

8.5 ⑮（行）
9 ⑯（行）

折线

（双罗纹针）10号针 绿色 2根线

20 36（行）

（72针）起针

※下针编织部分各取1根绿色线和夹花棕米色线（共2根线）合股编织

组合方法

将小绒球的皮绳穿入主体的顶部，在反面打结固定

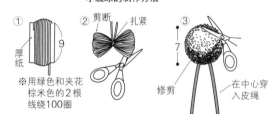

主体

将皮标夹在指定位置缝合

向外翻折后使用

小绒球的制作方法

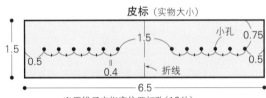

① 厚纸 9
※用绿色和夹花棕米色的2根线绕100圈
② 剪断 扎紧
③ 7 修剪 在中心穿入皮绳

皮标（实物大小）

1.5
1.5
小孔 0.75
0.5
0.5 ‖ 0.4
折线
6.5

※用锥子在指定位置打孔（12处）
※缝合线…将绿色线分股，使用1股线

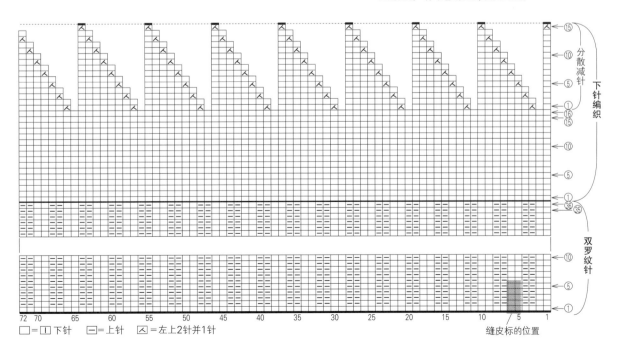

72 70 65 60 55 50 45 40 35 30 25 20 15 10 5 1

⑮ ⑩ 分散减针 下针编织
⑯ ⑮ ⑩ ⑤ ① 36 35
⑩ ⑤ ① 双罗纹针

缝皮标的位置

□=Ⅰ 下针　一=上针　人=左上2针并1针

69

TECHNIQUE GUIDE 手编基础技法

棒针编织基础

手指挂线起针

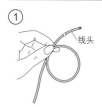
①
留出3倍于编织宽度的线头制作线环，用左手捏住交叉处。

②
从线环中将线拉出，用拉出的线制作小线环。

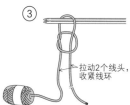
③
拉动2个线头，收紧线环
插入2根棒针，拉动线头，收紧线环。

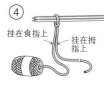
④
挂在食指上　挂在拇指上
第1针完成。分别将线挂在左手的手指上。

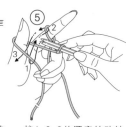
⑤
按1、2、3的顺序转动针头，在棒针上挂线。

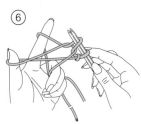
⑥
挂线后的状态。暂时退出拇指。

⑦
如箭头所示重新插入拇指，将线绷紧，收紧针目。

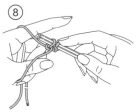
⑧
第2针完成。重复步骤⑤~⑦起所需针数。

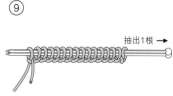
⑨
抽出1根→
起好所需针数后，抽出1根棒针，手指挂线起针完成。这就是第1行。

将起针连接成环形

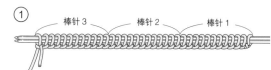
①
棒针3　棒针2　棒针1
起好所需针数后，将针目分到3根棒针上。

②
尽量平分针数。

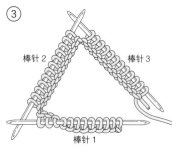
③
棒针2　棒针3
棒针1
注意针目不要发生扭转。

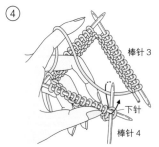
④
棒针3
下针
棒针4
开始编织第2行。将棒针4插入编织起点的第1针里，挂线，编织第2行的第1针（此处为下针）。

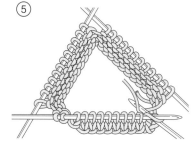
⑤
行与行的交界处也按相同要领，一边换针一边环形编织。

另线锁针起针

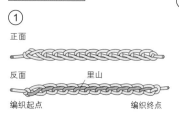
①
正面
反面　里山
编织起点　　　编织终点
参照p.78，钩织所需针数的锁针。

②
在另线锁针编织终点侧的里山插入棒针，用实际编织的线挑针。

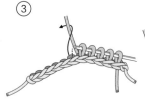
③
在里山插入棒针，一针一针地挑针。

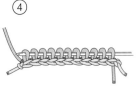
④
挑取所需数量的针目。

下针 　　 上针 　　○ 挂针 　　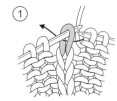 扭针

将线放在织物的后面，从前面插入右棒针，挂线后向前拉出。

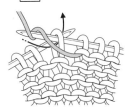

将线放在织物的前面，从后面插入右棒针，挂线后向后拉出。

将线从前往后挂在右棒针上。编织下一针后，挂针就固定下来了。

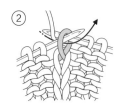

① 如箭头所示插入右棒针。

② 挂线后向前拉出。

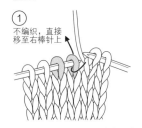 右上2针并1针

① 不编织，直接移至右棒针上

右边的针目不编织，直接移至右棒针上。

② 在左边的针目里编织下针。

③ 覆盖　将刚才移至右棒针上的针目覆盖在已织针目上。

④ 覆盖后退出左棒针，右上2针并1针完成。

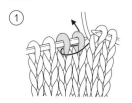 左上2针并1针

① 从2针的左侧一次性插入右棒针。

② 插入右棒针后的状态。

③ 在2针里一起编织下针。

④ 左上2针并1针完成。

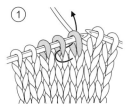 中上3针并1针

① 如箭头所示从2针的左侧插入右棒针，不编织，直接移过针目。

② 在第3针里插入右棒针，编织下针。

③ 将前面2针覆盖在第3针上。

④ 中上3针并1针完成。

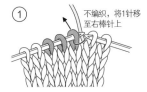 右上3针并1针

① 不编织，将1针移至右棒针上　如箭头所示在右边的1针里从前面插入右棒针，不编织，直接移过针目。

② 在后面2针里从左侧插入右棒针，一起编织下针。

③ 覆盖　将刚才移至右棒针上的针目覆盖在已织针目上。

④ 右上3针并1针完成。

╳ 右上1针交叉（下方为上针）

①	②	③	④	⑤
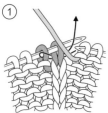	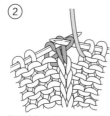	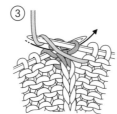	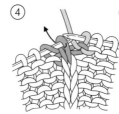	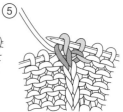
将线放在织物的前面，如箭头所示从右边针目的后面将棒针插入左边的针目里。	将刚才插入棒针的针目拉至右边针目的右侧。	在该针目里编织上针。	紧接着在右边针目里编织下针。	从左棒针上取下2针，右上1针交叉（下方为上针）完成。

╳ 左上1针交叉（下方为上针）

①	②	③	④	⑤
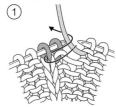	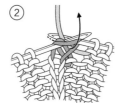	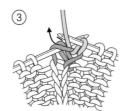	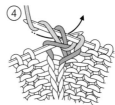	
如箭头所示在左边针目里插入棒针。	编织下针。	将线放在织物的前面，直接在右边针目里编织上针。	将线拉出后，从左棒针上取下2针。	左上1针交叉（下方为上针）完成。

╳╳ 右上1针交叉（中间有1针下针）

①	②	③	④	⑤	⑥
	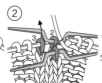	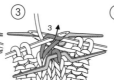			
将针目1、2移至2根麻花针上。	将针目1放在前面，将针目2放在后面。在针目3里插入右棒针。	编织下针。	在针目2里编织下针。	在针目1里也编织下针。	右上1针交叉（中间有1针下针）完成。

╳╳ 左上1针交叉（中间有1针下针）

①	②	③	④	⑤	⑥
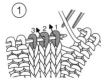	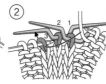	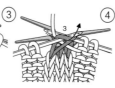			
将针目1、2移至2根麻花针上。	将针目1、2放在后面。在针目3里插入右棒针。	编织下针。	将针目2放在针目1的后面，编织下针。	在针目1里也编织下针。	左上1针交叉（中间有1针下针）完成。

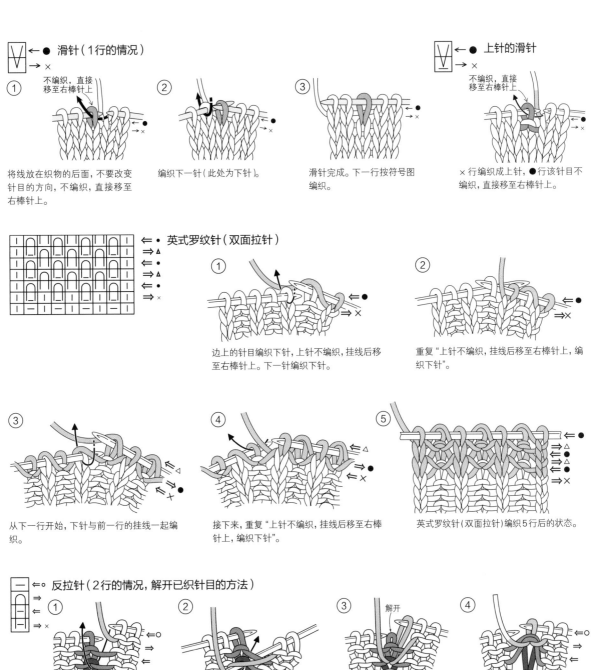

滑针（1行的情况）

① 将线放在织物的后面，不要改变针目的方向，不编织，直接移至右棒针上。

② 编织下一针（此处为下针）。

③ 滑针完成。下一行按符号图编织。

上针的滑针

×行编织成上针，●行该针目不编织，直接移至右棒针上。

英式罗纹针（双面拉针）

① 边上的针目编织下针，上针不编织，挂线后移至右棒针上。下一针编织下针。

② 重复"上针不编织，挂线后移至右棒针上，编织下针"。

③ 从下一行开始，下针与前一行的挂线一起编织。

④ 接下来，重复"上针不编织，挂线后移至右棒针上，编织下针"。

⑤ 英式罗纹针（双面拉针）编织5行后的状态。

反拉针（2行的情况，解开已织针目的方法）

① 将线放在织物的前面，从前3行针目的后面插入右棒针。

② 挂线后拉出。

③ 取下左棒针上的针目，解开。

④ 反拉针（2行的情况，解开已织针目的方法）完成。

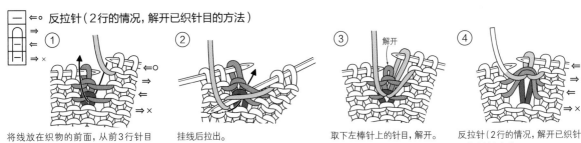

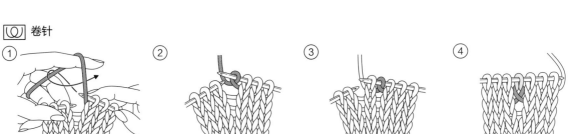

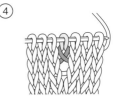

卷针

① 如箭头所示转动右棒针，在右棒针上绕线。

② 卷针完成。编织下一针。

③ 编织下一针后的状态。

④ 编织下一行后，从正面看到的状态。

 ← 伏针收针

① 编织2针，用左棒针挑起右边的针目，将其覆盖在左边的针目上。

② 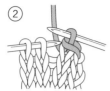 伏针完成。重复"编织下一针，覆盖"。

从伏针上挑针

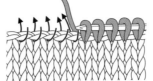 从每个针目上挑1针。加针时，再从针目与针目之间挑针；减针时，在若干处跳过针目挑针。

从行上挑针

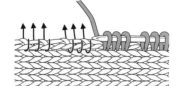 在边针内侧的交界处入针，挂线后拉出（挑针数少于行数时，跳着挑针）。

从另线锁针的起针上挑针

解开另线锁针的方法
右端

①  看着织物的反面，在另线锁针的里山插入棒针，挑出线头。

② 在边针里插入棒针，解开另线锁针。

③  解开1针后的状态。

④ 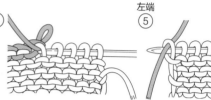 一针一针地解开另线锁针，将针目移至棒针上。

左端
⑤ 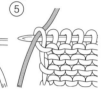 最后一针在扭转状态下插入棒针，抽出另线锁针的线。

第1行
右端
⑥ 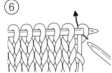 翻转织物，在右端针目里从前面插入棒针。

⑦ 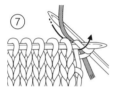 将新线挂在右棒针上，编织下针。

⑧ 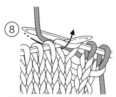 编织2针后的状态。继续编织至末端。

左端
⑨ 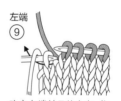 改变左端针目的方向，将线头从后往前挂在针上，一起编织下针。

⑩ 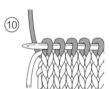 第1行完成。

引拔接合

①  将2片织物正面朝内对齐，用左手拿好。在2片织物的边针里插入钩针。

② 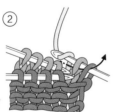 挂线，一次性引拔穿过2个线圈。

③  引拔后的状态。

④ 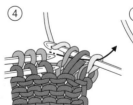 下一针也按相同要领插入钩针挂线，这次一起引拔穿过3个线圈。

⑤ 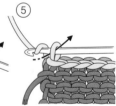 重复步骤④，在最后一个线圈里引拔后将线剪断。

盖针接合

① 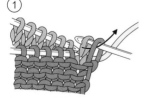 将2片织物正面朝内对齐，在2个边针里插入钩针，将后面的针目从前面的针目里拉出。

② 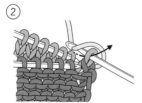 针头挂线引拔。

③ 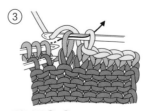 重复步骤①、②。

④ 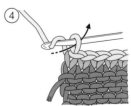 最后从针上剩下的针目里将线拉出，剪断。

针与行的接合（与伏针收针后的针目做接合的情况）

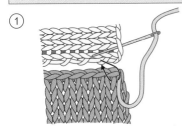
① 将伏针收针后的织物放在前面，如图所示在起针行与前面的针目里插入缝针。每行是在渡线里挑针。

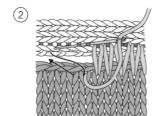
② 行数比针数多时，在若干处一次挑取2行进行调整。

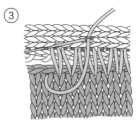
③ 交替在针与行上插入缝针。将缝合线拉至看不见线迹为止。

下针无缝缝合（1片织物为伏针收针的情况）

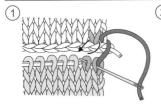
① 在保留线圈状态的边针里从反面插入缝针，在伏针收针的边针里挑取半针。如箭头所示，在线圈状态的2针以及伏针收针的2针里插入缝针。

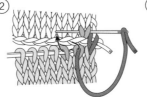
② 用相同方法在线圈状态的针目里插入缝针。

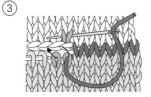
③ 重复"在线圈状态的针目里从正面入针、从正面出针，在伏针收针侧挑取倒八字形的2根线"。

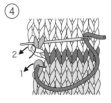
④ 最后如箭头所示在前面针目以及伏针收针侧针目的外侧半针里插入缝针，结束缝合。

卷针缝合

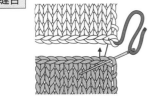
① 将线头所在织物放在后面，对齐2片织物拿好。在前面针目的头部1根线里插入缝针。

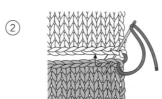
② 从后往前依次在2片织物针目头部的外侧半针（1根线）里插入缝针，将线拉出。

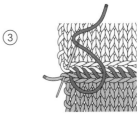
③ 重复步骤②，最后从后往前插入缝针，结束缝合。

挑针缝合

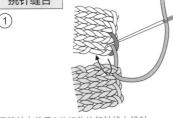
① 用缝针在前后2片织物的起针线上挑针。

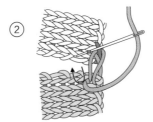
② 交替在边针内侧的下线圈里逐行挑针，将线拉紧。

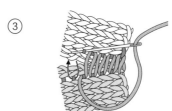
③ 重复"在下线圈里挑针，拉紧缝合线"。将缝合线拉至看不到线迹为止。

挑针缝合（有减针的情况）

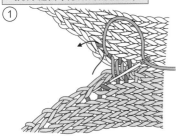
① 减针部分是在边针内侧的下线圈以及减针后重叠在下方的针目中心插入缝针挑针（另一侧也用相同方法挑针）。

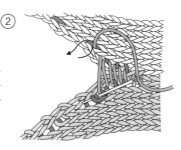
② 接着在减针处以及下一行边针内侧的下线圈里一起挑针（另一侧也用相同方法挑针）。

留针的引返编织

右侧

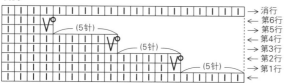

第1行（从反面编织的行）

①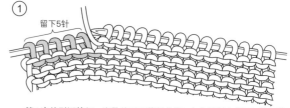

第1次的引返编织。这是从反面编织的行，在左棒针上留下5针不编织。

第2行（从正面编织的行）

②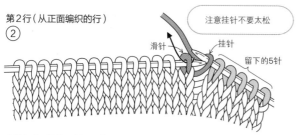

注意挂针不要太松

翻转织物，将线从前往后挂在针上（挂针），将左棒针上的第1针移至右棒针上（滑针）。

③ ④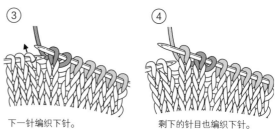

下一针编织下针。

剩下的针目也编织下针。

第3行（从反面编织的行）

⑤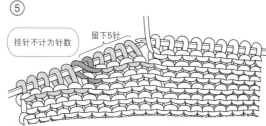

挂针不计为针数

第2次的引返编织。从左棒针上的滑针开始数留下5针不编织。

第4行（从正面编织的行）

⑥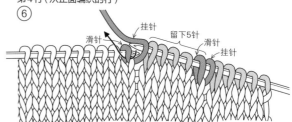

翻转织物，按步骤②相同要领编织挂针和滑针，剩下的针目编织下针。重复步骤⑤、⑥。

⑦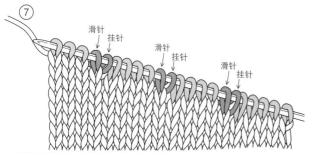

第6行（第3次的引返编织）结束后的状态。

消行（从反面编织的行）

⑧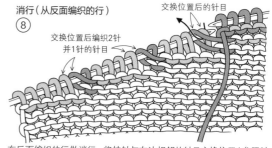

交换位置后的针目

交换位置后编织2针并1针的针目

在反面编织的行做消行。将挂针与左边相邻的针目交换位置（参照针目的换位方法），在2针里一起编织上针。

⑨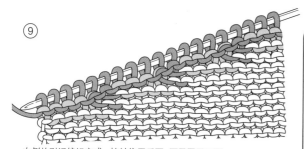

右侧的引返编织完成。挂针位于反面，不显露于正面。

针目的换位方法（在反面编织的行进行操作）

① ② ③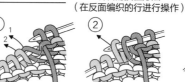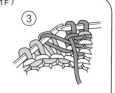

将线放在前面，按1、2的顺序将2针移至右棒针上。

如箭头所示，在移过来的2针里插入左棒针，移回针目。

针目交换位置后的状态。

左侧

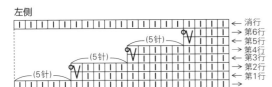

斜肩的左侧多出1行

左侧的引返编织比右侧晚1行开始。结果，左侧消行时也会多出1行。这是因为只有在一行的编织终点一侧才能留出针目。接合肩部连接前、后身片，左右的行差就会相抵，变成相同行数。

第1行（从正面编织的行）

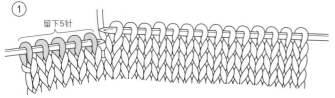

第1次的引返编织。这是从正面编织的行，在左棒针上留下5针不编织。

第2行（从反面编织的行）

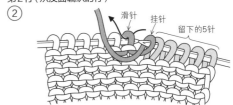

翻转织物，如图所示将线挂在针上（挂针），将左棒针上的第1针移至右棒针上（滑针）。

滑针完成后的状态。下一针编织上针。

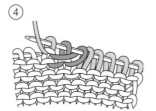

剩下的针目也编织上针。

第3行（从正面编织的行）

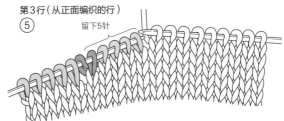

第2次的引返编织。从左棒针上的滑针开始数留下5针不编织。

第4行（从反面编织的行）

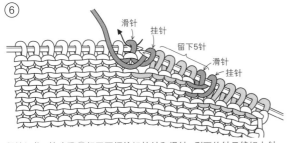

翻转织物，按步骤②相同要领编织挂针和滑针，剩下的针目编织上针。重复步骤⑤、⑥。

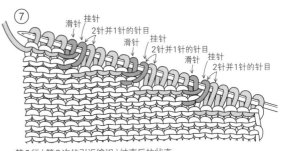

第6行（第3次的引返编织）结束后的状态。

消行（从正面编织的行）

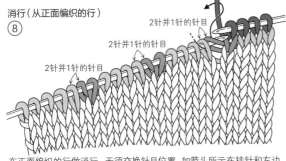

在正面编织的行做消行。无须交换针目位置，如箭头所示在挂针和左边相邻的针目里插入棒针，在2针里一起编织下针。

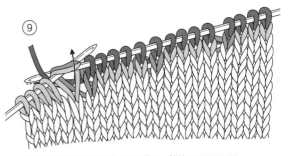

按相同要领编织至第3次的引返位置。挂针不显露于正面。

钩针编织基础和刺绣方法

○ 锁针

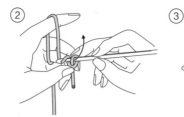

① 用线头制作线环,捏住交叉处,如箭头所示转动针头挂线。用拇指和中指捏住

② 将针头的挂线从线环中拉出。

③ 拉动线头,收紧线环。此针为起始针,不计入针数。↓拉紧

④ 针头挂线,从针上的线圈中拉出。

⑤ 1针锁针完成。按相同要领继续钩织。1针锁针

环 环形起针

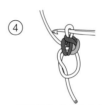

① 按锁针起始针的要领制作线环,针头挂线后拉出。

② 不要收紧线环,在松松的状态下立织1针锁针。

③ 接着在线环中插入钩针,挑起2根线钩织第1针(此处为短针)。

④ 1针短针完成后的状态。继续在线环中钩织第1行,然后拉动线头收紧线环。

⑤ 第1行完成后,在第1针的头部引拔。

╋(✕)短针

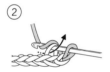

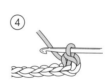

● 引拔针

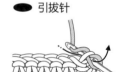

① 在前一行针目的头部(此处为起针锁针的里山)插入钩针。

② 针头挂线,将线拉出至1针锁针的高度。

③ 再次挂线,一次性引拔穿过2个线圈。

④ 1针短针完成。

针头挂线后一次性拉出。

⋀ 2针短针并1针

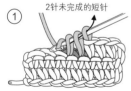

⋁ 1针放2针短针

① 2针未完成的短针 从前一行的2针里拉出线(2针未完成的短针)。针头挂线,一次性引拔穿过3个线圈。

② 2针并作了1针,2针短针并1针完成。

① 先钩织1针短针,在同一个针目里再钩织1针短针。

② 在同一个针目里钩织了2针短针,1针放2针短针完成。

▼ 长针

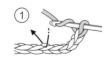

① 针头挂线,在前一行针目的头部2根线里插入钩针。

② 针头挂线,将线拉出至2针锁针的高度。

③ 再次挂线,引拔穿过针上的2个线圈。

④ 再次挂线,引拔穿过剩下的2个线圈。

⑤ 1针长针完成。

长针的正拉针

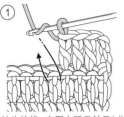

① 针头挂线，在图中所示针目（此处为前一行）的整个根部挑针，从前面入针，再从前面出针，钩织长针。

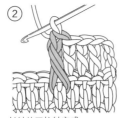

② 长针的正拉针完成。

长针的反拉针

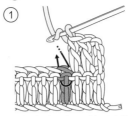

① 针头挂线，在图中所示针目（此处为前一行）的整个根部挑针，从后面入针，再从后面出针，钩织长针。

② 长针的反拉针完成。

中长针的正拉针

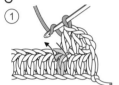

① 针头挂线，在图中所示针目（此处为前一行）的整个根部挑针，从前面入针，再从前面出针，钩织中长针。

② 中长针的正拉针完成。

短针的反拉针

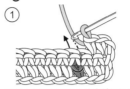

① 在图中所示针目（此处为前2行）的整个根部挑针，从后面入针，再从后面出针，钩织短针。

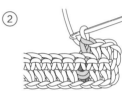

② 短针的反拉针完成。

变化的3针中长针的枣形针

① 在锁针的里山钩织未完成的中长针，在同一个针目里再钩织2针未完成的中长针。

② 针头挂线，引拔穿过针上的6个线圈（留出最右边的1个线圈）。

未完成的中长针
第1针 第2针 第3针

③ 再次挂线，引拔穿过针上剩下的2个线圈。

④ 变化的3针中长针的枣形针完成。

3针长针的枣形针（整段挑针）

① 针头挂线，在前一行锁针的下方空隙里插入钩针。

② 钩织未完成的长针。在相同位置再钩织2针未完成的长针。

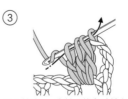

③ 针头挂线，一次性引拔穿过针上的4个线圈。

④ 整段挑针钩织的3针长针的枣形针完成。

直线绣

1出
2入

法式结粒绣（绕2次）

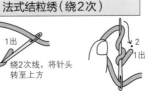

1出
绕2次线，将针头转至上方

2
1出

2入
将线拉出

Futoi Ito to Hari de Amu Knit (NV80721)

Copyright © NIHON VOGUE-SHA 2022 All rights reserved.

Photographers: Yukari Shirai

Original Japanese edition published in Japan by NIHON VOGUE Corp.

Simplified Chinese translation rights arranged with Beijing Vogue Dacheng Craft Co., Ltd.

备案号：豫著许可备字–2023–A–0042

图书在版编目（CIP）数据

时尚简约的粗线编织/日本宝库社编著；蒋幼幼译.—郑州：河南科学技术出版社，2024.6
ISBN 978-7-5725-1521-7

Ⅰ.①时…　Ⅱ.①日…②蒋…　Ⅲ.①毛衣针–编织–图集　Ⅳ.①TS941.763–64

中国国家版本馆CIP数据核字（2024）第097615号

出版发行：河南科学技术出版社
　　　　　地址：郑州市郑东新区祥盛街27号　　邮编：450016
　　　　　电话：（0371）65737028　　65788613
　　　　　网址：www.hnstp.cn
策划编辑：仝广娜
责任编辑：葛鹏程
责任校对：王晓红
封面设计：张　伟
责任印制：徐海东
印　　刷：北京盛通印刷股份有限公司
经　　销：全国新华书店
开　　本：787 mm×1 092 mm　　1/16　　印张：5　　字数：160千字
版　　次：2024年6月第1版　　2024年6月第1次印刷
定　　价：59.00元

如发现印、装质量问题，影响阅读，请与出版社联系并调换。